Ուսուցում

Eureka Math
Դասարան 2
Մոդուլ 8

Great Minds PBC is the creator of Eureka Math®,
Wit & Wisdom®, Alexandria Plan™, and PhD Science™.

Published by Great Minds PBC. greatminds.org

Copyright © 2020 Great Minds PBC. All rights reserved. No part of this work may be reproduced or used in any form or by any means—graphic, electronic, or mechanical, including photocopying or information storage and retrieval systems—without written permission from the copyright holder.

ISBN 978-1-64929-168-4

1   2   3   4   5   6   7   8   9   10   XXX   25   24   23   22   21   20

Printed in the USA

Ուսուցում • Գործնական աշխատանք • Արդյունք

«Eureka Math»-ի® «A Story of Units»® աշակերտների համար նյութերը (K–5) հասանելի են *Ուսուցում, Պրակտիկա, Արդյունք* եռյակում: Այս շարքը նպաստում է, որպեսզի նյութերը լինեն տարաբնույթ և հետաքրքիր՝ միևնույն ժամանակ կանոնակարգված և հասանելի: *Ուսուցիչները կբացահայտեն, որ «Ուսուցում, Պրակտիկա և Արդյունք» շարքն առաջարկում է նաև համապարփակ և, հետևաբար, ավելի արդյունավետ եղանակ՝ Անհատական մոտեցման ցուցաբերման, լրացուցիչ աշխատանքների և ամառային ուսուցման կազմակերպման համար:*

Ուսուցում

Eureka Math-ի «Ուսուցում» բաժինը ծառայում է աշակերտներին որպես ուսումնական ուղեցույց, որտեղ նրանք ներկայացնում են այն ինչ մտածում են և գիտեն, և ամեն օր զարգացնում են իրենց գիտելիքները: «Ուսուցում» բաժնում ներառված ամենօրյա դասարանային աշխատանքները՝ գործնական խնդիրները, գնահատման թերթիկները, խնդիրները, ձևանմուշները, ներկայացված են դյուրահաս ձևով և ծավալով:

Պրակտիկա

Յուրաքանչյուր «*Eureka Math»-ի դաս* սկսվում է մի շարք ակտիվ, իմացության ստուգման ուրախ վարժություններով՝ այդ թվում *«Eureka Math Պրակտիկա» բաժնում ներառվածները:* Այն աշակերտները, ովքեր ավելի շատ գիտելիքներ ունեն մաթեմատիկայից, կարող են ավելի շատ նյութ յուրացնել առավել խորությամբ: «Փորձ» բաժնում աշակերտները զարգացնում են նոր ձեռք բերված գիտելիքի կիրառման հմտությունները և ամրապնդում են նախորդ դասը՝ նախապատրաստվելով հաջորդին:

«Ուսուցում» և *«Պրակտիկա»* բաժինները միասին աշակերտներին տրամադրում են տպագիր բոլոր նյութերը, որոնք նրանք կօգտագործեն մաթեմատիկայի հիմնական դասընթացի համար:

Արդյունք

Eureka Math-ի «Արդյունք» բաժինը աշակերտներին հնարավորություն է տալիս ինքնուրույն վարպետանալ: Լրացուցիչ խնդիրները համահունչ են դասի նյութին և հարմար են որպես տնային կամ լրացուցիչ աշխատանք հանձնարարելու համար: Խնդիրներն ուղեկցվում են «Տնային աշխատանքի օգնականով», որն իրենից ներկայացնում է խնդիրների լուծման օրինակներ՝ ցույց տալով, թե ինչպես պետք է լուծել նմանատիպ խնդիրները:

Ուսուցիչներն ու դասավանդողները կարող են օգտագործել նախորդ մակարդակների *«Արդյունք» բաժնի* դասագիրքը՝ որպես ուսուցման ծրագրի մաս՝ հիմնարար գիտելիքների բացը լրացնելու համար: Աշակերտներն ավելի արագ կընկալեն ու կյուրացնեն, քանի որ ծանոթ նյութի կրկնությունը դյուրացնում է ընթացիկ մակարդակի բովանդակության կապի ստեղծումը նախորդի հետ:

EUREKA MATH®

Աշակերտներ, ընտանիքներ և դասավանդողներ.

Շնորհակալություն *Eureka Math*® թիմի անդամ դառնալու համար. այստեղ մենք վայելում ենք մաթեմատիկայի պարգևած ուրախությունը, բերկրանքը և սուր զգացմունքները:

Eureka Math-ի *դասին նոր* նյութը յուրացվում է մեծ քանակությամբ գործնական աշխատանքների և մտքերի փոխանակման արդյունքում: *«Ուսուցում»* գիրքը յուրաքանչյուր աշակերտի առաջարկում է հուշումներ և խնդիրների լուծման քայլեր, որոնք անհրաժեշտ են դասարանում սովորածն արտահայտելու և ամրապնդելու համար:

Ի՞նչ է իրենից ներկայացնում «Ուսուցում» դասագիրքը:

Գործնական խնդիրներ. խնդիրների լուծումը *«Eureka Math»-ի առաքելության անքակտելի մասն է:* Աշակերտները վստահություն և հաստատակամություն են ձեռք բերում, երբ իրենց գիտելիքները կիրառում են նոր և տարաբնույթ իրավիճակներում: Ուսումնական ծրագիրը խրախուսում է աշակերտներին կիրառել ԿՆԳ եղանակը.Կարդալ խնդիրը, Նկարել՝ խնդիրը հասկանալու համար, և Գրել հավասարումն ու լուծումը: Ուսուցիչները խրախուսում են, որպեսզի աշակերտները ցույց տան իրենց աշխատանքը և մեկը մյուսին բացատրեն, թե լուծման ինչ ռազմավարություն են ընտրել:

Խնդիրներ. Ճիշտ հաջորդականությամբ ընտրված խնդիրների ժողովածուն հնարավորություն է տալիս դասարանում ինքնուրույն աշխատել՝ անցում կատարելով մյուս խնդիրներին: Ուսուցիչները կարող են օգտագործել նախապատրաստման և անհատականացման գործընթաց՝ յուրաքանչյուր ուսանողի համար «Պետք է անել» խնդիրներ ընտրելու համար: Որոշ աշակերտներ ավելի շատ խնդիրներ են լուծում, քան մյուսները. կարևորն այն է, որ բոլոր աշակերտներն ունենան 10 րոպե ժամանակ՝ իրենց սովորածը ուսուցչին անմիջապես ցույց տալու համար՝ նրա կողմից ստանալով թեթև օգնություն:

Դասի կուլմինացիոն պահը աշակերտների խնդիրների լուծումների պատասխաններն են՝ հարցուպատասխանը: Այստեղ աշակերտները մտածում են իրենց հասակակիցների և ուսուցչի հետ՝ ձևակերպելով և ամրապնդելով այն, ինչ նրանց հետաքրքրել է, նկատել են և սովորել են օրվա ընթացքում:

Գնահատման թերթիկներ. Աշակերտներն ուսուցչին ցույց են տալիս իրենց գիտելիքները ամենօրյա Գնահատման թերթիկների միջոցով: Գիտելիքի այս ստուգումը ուսուցչին կարևոր տեղեկություն է հաղորդում տվյալ օրվա ուսուցման արդյունավետության վերաբերյալ՝ ցույց տալով նրան, թե ինչի վրա պետք է ուշադրություն դարձնել հաջորդ անգամ:

Ձևանմուշներ. Ժամանակ առ ժամանակ Գործնական խնդիրը, Խնդիրները կամ դասարանային այլ աշխատանք պահանջում են, որպեսզի աշակերտներն ունենան իրենց նկարների օրինակը, բազմակի օգտագործման մոդելը կամ տվյալները: Այս ձևանմուշները տրամադրվում են առաջին դասին, եթե պահանջվում է:

Որտե՞ղ կարող եմ ավելի շատ տեղեկություններ ստանալ «Eureka Math»-ի *նյութերի վերաբերյալ:*

Great Minds® թիմը ձգտում է ապահովել աշակերտներին, ընտանիքներին և դասավանդողներին մշտապես հարստացվող նյութերի շտեմարանով, որը հասանելի է eureka-math.org կայքում: *Վեբկայքում զետեղված են նաև Eureka Math-ի խմբի ոգեշնչող հաջողության պատմություններ: Կիսվեք ձեր տպավորություններով և ձեռքբերումներով այլ օգտատերերի հետ՝ դառնալով Eureka Math-ի չեմպիոն:*

Լավագույն մաղթանքները ուսումնական տարվա կապակցությամբ, որը հուսով ենք հարուստ կլինի «Էվրիկայի պահերով»:

Jill Diniz

Ջիլ Դինիզ
Մաթեմատիկայի բաժնի տնօրեն
Great Minds

Կարդալ–Նկարել–Գրել գործընթաց

Eureka Math ուսումնական ծրագիրն օգնում է աշակերտներին խնդիրների լուծման գործընթացում՝ առաջարկելով նրանց պարզ, կրկնվող եղանակ, որը կսովորեցնի ուսուցիչը: Կարդալ–Նկարել–Գրել (ԿՆԳ) եղանակը կոչ է անում աշակերտներին

1. Կարդալ խնդիրը:
2. Նկարել և նշումներ անել:
3. Գրել հավասարում:
4. Գրել բառային նախադասություն (պնդում):

Ուսուցիչներին առաջարկվում է անցկացնել գործընթացը՝ միջամտելով այսպիսի հարցադրումներով՝

- Ի՞նչ եք տեսնում:
- Կարո՞ղ ես մի բան նկարել:
- Ի՞նչ եզրակացություններ կարող ես անել քո նկարից:

Ինչքան շատ աշակերտները մասնակցեն այս համակարգված մոտեցմամբ խնդիրների տրամաբանական լուծմանը, այնքան ավելի լավ կյուրացնեն մտածելու գործընթացն և այն բնազդաբար կկիրառեն հետագայում:

Բովանդակություն

Մոդուլ 8. Ժամանակը, ձևերը և կոտորակները՝ որպես պատկերների հավասար մասեր

Թեմա Ա. Երկրաչափական ձևերի առանձնահատկությունները

Դաս 1 1

Դաս 2 7

Դաս 3 13

Դաս 4 19

Դաս 5 23

Թեմա Բ. Բաղադրյալ պատկերներ և կոտորակային գաղափարներ

Դաս 6 29

Դաս 7 37

Դաս 8 43

Թեմա Գ. Շրջանների և եռանկյունների կեսեր, երրորդներ և չորրորդներ

Դաս 9 49

Դաս 10 57

Դաս 11 65

Դաս 12 71

Թեմա D՝ Կոտորակների կիրառումը ժամն ասելու համար

Դաս 13 77

Դաս 14 81

Դաս 15 87

Դաս 16 101

R (ուշադիր կարդացեք խնդիրը:)

Թիրնսը պատրաստում է պատկերներ 12 ատամի չոփով: Օգտագործեք բոլոր ատամի չոփերը 3 տարբեր պատկերներ ստեղծելու համար, որոնք կարող էր նա ստեղծել : Քանի՞ այլ համակցություններ կարող եք գտնել:

D (նկար նկարեք:)

Դաս 1. Նկարագրեք երկչափ պատկերներ՝ հիմնվելով դրանց հատկանիշների վրա:
1

ՄԻԱՎՈՐՆԵՐԻ ՊԱՏՄՈՒԹՅՈՒՆ   Դաս 1 Խնդիրներ 2•8

Անուն _____   Ամսաթիվ _____

1. Պարզեք կողմերը և անկյունները յուրաքանչյուր պատկերում։ Շրջանակի մեջ վերցրեք յուրաքանչյուր անկյուն հաշվելու ընթացքում, ըստ անհրաժեշտության։ Առաջինը բերված է որպես օրինակ։

a.

__3__ կողմեր

__3__ անկյուններ

b.

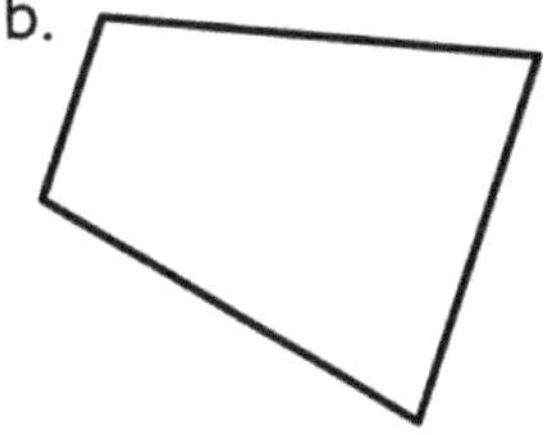

_____ կողմեր

_____ անկյուններ

c.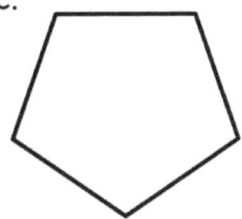

_____ կողմեր

_____ անկյուններ

d.

_____ կողմեր

_____ անկյուններ

e.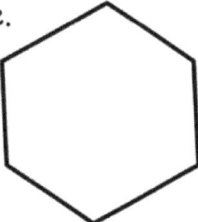

_____ կողմեր

_____ անկյուններ

f.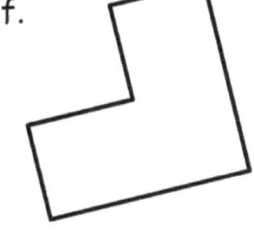

_____ կողմեր

_____ անկյուններ

g.

_____ կողմեր

_____ անկյուններ

h.

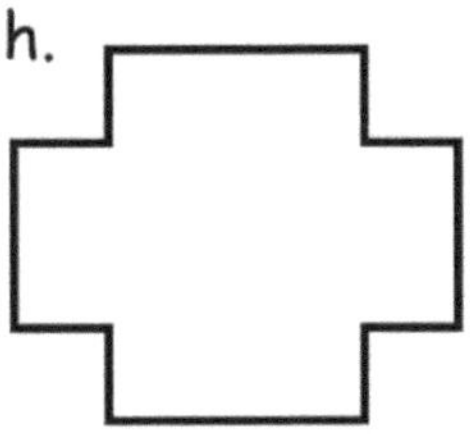

_____ կողմեր

_____ անկյուններ

i.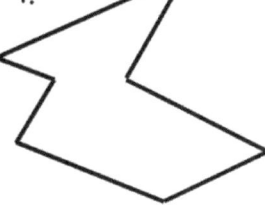

_____ կողմեր

_____ անկյուններ

Դաս 1.   Նկարագրեք երկչափ պատկերներ` հիմնվելով դրանց հատկանիշների վրա։

2. Ուսումնասիրեք ստորև բերված պատկերները։ Այնուհետև պատասխանեք հարցերին:

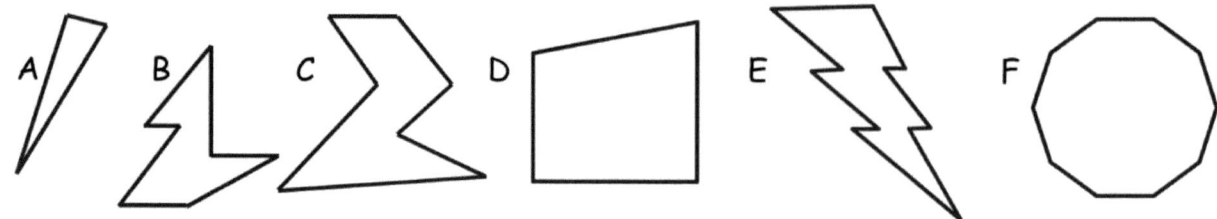

a. Ո՞ր պատկերն ունի ամենաշատ կողմերը: _____

b. Ո՞ր պատկերն ունի 3 ավել անկյուն, քան պատկեր գ-ն: _____

c. Ո՞ր պատկերն ունի 3 պակաս կողմ, քան պատկեր բ-ն: _____

d. Քանի՞ անկյուն ավել ունի պատկեր գ-ն պատկեր ա-ից: _____

e. Այս պատկերներից որո՞նք ունեն նույն քանակությամբ կողմեր և անկյուններ: _____

3. Էթանն ասում է ստորև գտնվող երկու պատկերներն էլ վեց կողմանի պատկերներ են, բայց պարզապես տարբեր են չափսերով: Բացատրեք, թե ինչու է նա սխալ:

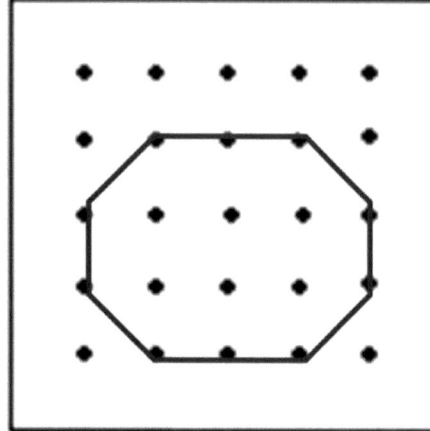 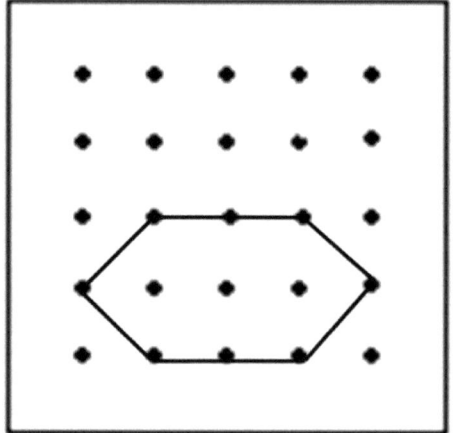

_____

_____

ՄԻԱՎՈՐՆԵՐԻ ՊԱՏՄՈՒԹՅՈՒՆ   Դաս 1 Ստուգողական աշխատանք   2•8

Անուն _____   Ամսաթիվ _____

Ուսումնասիրեք ստորև բերված պատկերները: Այնուհետև պատասխանեք հարցերին:

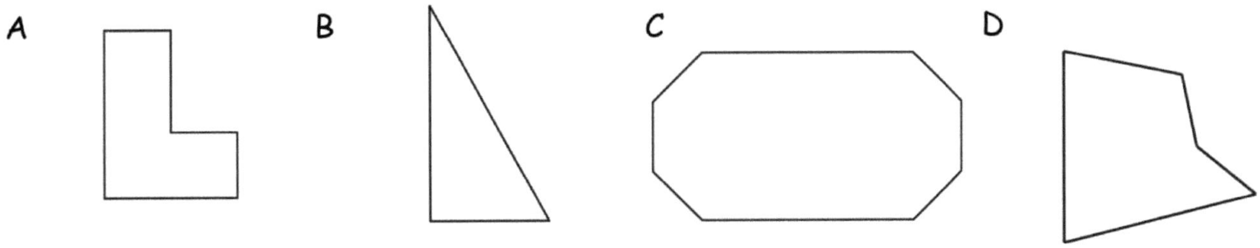

A   B   C   D

1. Ո՞ր պատկերն ունի ամենաշատ կողմերը: _____

2. Ո՞ր պատկերն ունի 3 պակաս անկյուն, քան պատկեր գ-ն: _____

3. Ո՞ր պատկերն ունի 3 ավել կողմ, քան պատկեր բ-ն: _____

4. Այս պատկերներից որո՞նք ունեն նույն քանակությամբ կողմեր և անկյուններ: _____

EUREKA MATH   Դաս 1.   Նկարագրեք երկչափ պատկերներ՝ հիմնվելով դրանց հատկանիշների վրա: 5

Copyright © Great Minds PBC

R (ուշադիր կարդացեք խնդիրը։)

Քանի՞ եռանկյուն կարող եք գտնել։ (Հուշում՝ եթե գտնեք 10-ը, շարունակեք փնտրել)

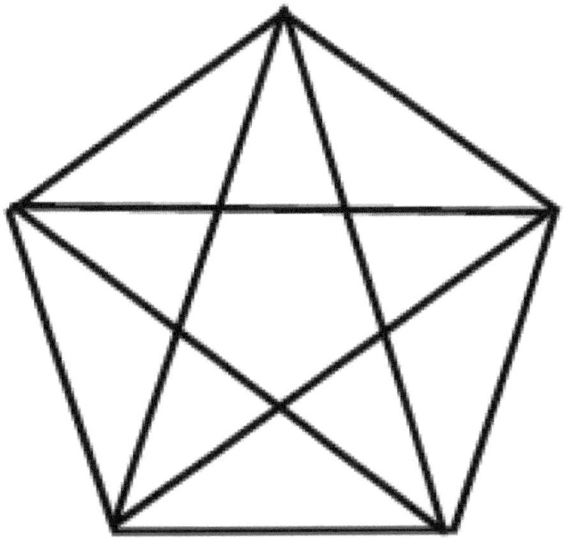

W (Գրեք պատմությանը համապատասխան պնդում:)

_____

_____

_____

Անուն _____ Ամսաթիվ _____

1. Յուրաքանչյուր բազմանկյուն տարբերակելու համար՝ հաշվեք յուրաքանչյուր պատկերի կողմերը և անկյունները: Բազմանկյան անունները կարող են օգտագործվել ավելին, քան մեկ անգամ:

| Վեցանկյուն | Քառանկյուն | Եռանկյուն | Հնգանկյուն |

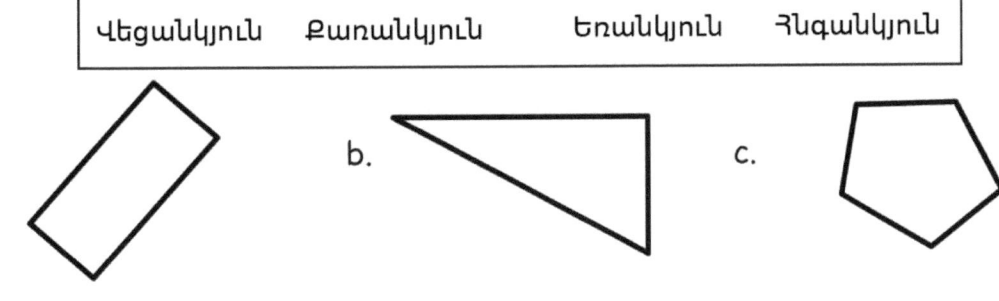

a.   b.   c.

_____   _____   _____

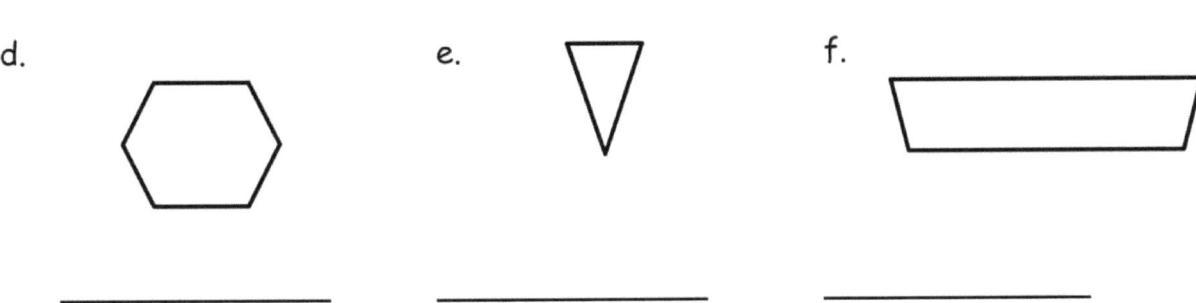

d.   e.   f.

_____   _____   _____

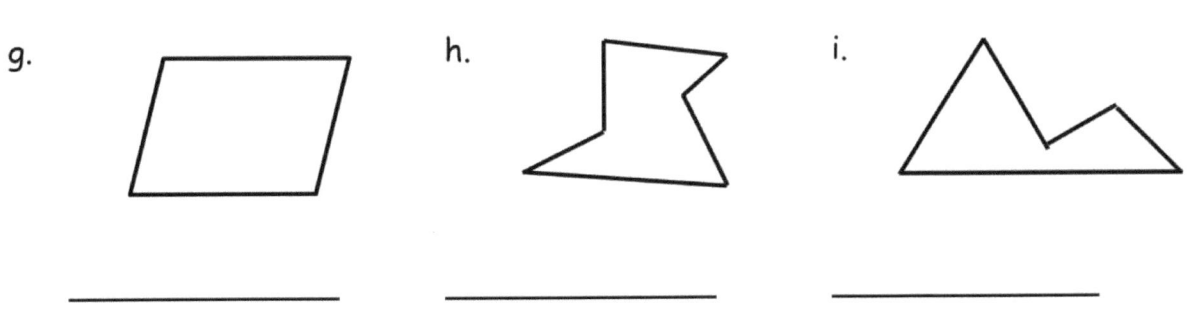

g.   h.   i.

_____   _____   _____

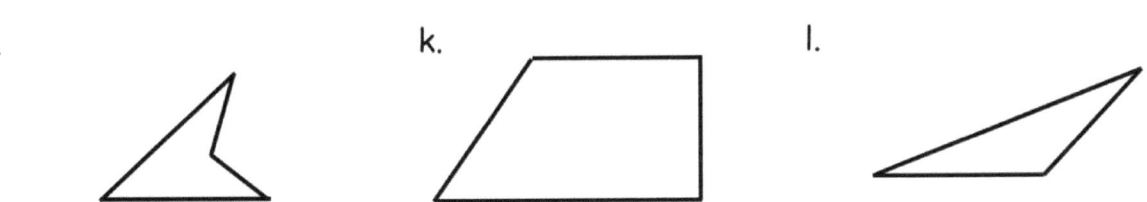

j.   k.   l.

_____   _____   _____

2. Նկարեք ավելի շատ անկյուններ՝ ամբողջացնելու յուրաքանչյուր բազմանկյան 2 օրինակ:

	Օրինակ 1	**Օրինակ 2**
a. **Եռանկյուն** Յուրաքանչյուր օրինակի համար______գիծը ավելացված է: Եռանկյունն ունի______ընդհանուր կողմ:		
b. **Վեցանկյուն** Յուրաքանչյուր օրինակի համար______գծերն ավելացված են: Վեցանկյունն ունի ______ընդհանուր կողմ:		
c. **Քառանկյուն** Յուրաքանչյուր օրինակի համար______գծերն ավելացված են: Քառանկյունն ունի______ընդհանուր կողմ:		
d. **Հնգանկյուն** Յուրաքանչյուր օրինակի համար ______գծերն ավելացված են: Հնգանկյունն ունի ______ընդհանուր կողմ:		

3.

a. Բացատրեք, թե ինչու բազմանկյուն ա-ն և բազմանկյուն բ-ն՝ վեցանկյուններ են:

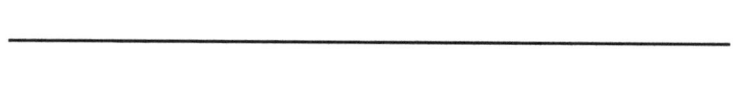

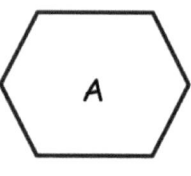

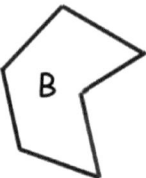

____

____

b. Բացի ցուցադրված երկու բազմանկյուններից, նկարեք մեկ ուրիշ բազմանկյուն:

4. Բացատրեք, թե ինչու և վեցանկյուն գ-ն և վեցանկյուն դ-ն՝ քառանկյուններ են:

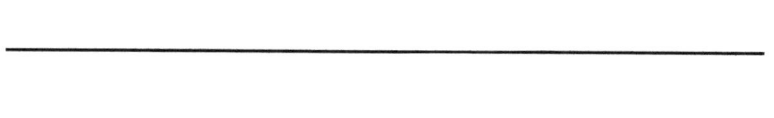

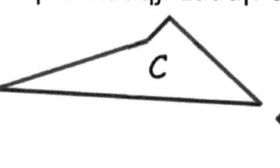

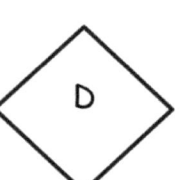

____

____

EUREKA MATH

Անուն _____ Ամսաթիվ _____

Յուրաքանչյուր բազմանկյուն տարբերակելու համար՝ հաշվեք յուրաքանչյուր պատկերի կողմերը և անկյունները։ Բազմանկյան անունները կարող են օգտագործվել ավելի, քան մեկ անգամ:

| Վեցանկյուն | Քառանկյուն | Եռանկյուն | Հնգանկյուն |

1.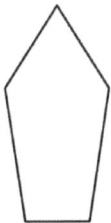
_____

2.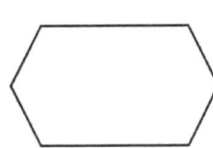
_____

3.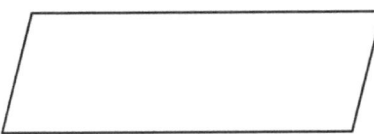
_____

4.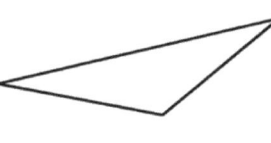
_____

5.
_____

6.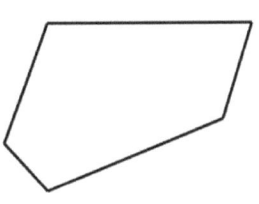
_____

Դաս 2. Կառուցեք, որոշեք և վերլուծեք երկչափ պատկերներ նշված հատկանիշներով:

R (ուշադիր կարդացեք խնդիրը:)

Քառանկյան երեք կողմերն էլ ունեն հետևյալ երկարությունները՝ 19 սմ, 23 սմ, և 26 սմ: Եթե ամբողջ հեռավորությունը պատկերի շուրջը 86 սմ է, ապա որքա՞ն է չորս անկյան երկարությունը:

D (Նկար նկարեք:)

W (Գրեք և լուծեք հավասարումը:)

ՄԻԱՎՈՐՆԵՐԻ ՊԱՏՄՈՒԹՅՈՒՆ — Դաս 3 Գործնական խնդիր

W (Գրեք պատմությանը համապատասխան պնդում:)

_____

_____

_____

Անուն _____ Ամսաթիվ _____

1. Օգտագործելով ուղիղ անկյուններ՝ տրված հատկատիշներով բազմանկյուն նկարեք աջ կողմի հատվածում:

   a. Նկարեք բազմանկյուն 3 անկյունով:

      Կողմերի քանակը. _____

      Բազմանկյան անվանումը. _____

   b. Գծեք հինգ կողմանի բազմանկյուն:

      Անկյունների քանակը: _____

      Բազմանկյան անվանումը. _____

   c. Գծեք բազմանկյուն 4 անկյունով:

      Կողմերի քանակը. _____

      Բազմանկյան անվանումը. _____

   d. Գծեք վեց կողմանի բազմանկյուն:

      Անկյունների քանակը. _____

      Բազմանկյան անվանումը. _____

   e. Համեմատեք ձեր բազմանկյունը ձեր ընկերոջ հետ:

      Կրկնեք մի օրինակ, որը շատ տարբեր է ձերինից՝ աջ կողմի հատվածում:

2. Օգտագործեք ձեր ուղղանկյունը յուրաքանչյուր բազմանկյան 2 նոր օրինակ նկարելու համար, որոնք տարբերվում են առաջին էջում նկարածներից:

a. Եռանկյուն

b. Հնգանկյուն

c. Քառանկյուն

d. Վեցանկյուն

16 Դաս 3. Օգտագործեք հատկանիշները՝ տարբեր բազմանկյուններ՝ այդ թվում եռանկյուններ, քառանկյուններ, հնգանկյուններ և վեցանկյուններ գծելու համար:

Անուն ______________________________ Ամսաթիվ ________________

Օգտագործելով ուղիղ անկյուններ՝ տրված հատկատիշներով բազմանկյուն նկարեք աջ կողմի հատվածում:

Գծեք հինգ կողմանի բազմանկյուն:

Անկյունների քանակը. ______

Բազմանկյան անվանումը. ____________

Դաս 3. Օգտագործեք հատկանիշները՝ տարբեր բազմանկյուններ՝ այդ թվում եռանկյուններ, քառանկյուններ, հնգանկյուններ և վեցանկյուններ գծելու համար:

ՄԻԱՎՈՐՆԵՐԻ ՊԱՏՄՈՒԹՅՈՒՆ   Դաս 4 Խնդիրներ   2•8

Անուն _____   Ամսաթիվ _____

1. Օգտագործեք ձեր քանոնը և գծեք 2 զուգահեռ գծեր, որոնք նույն երկարության չեն։

2. Օգտագործեք ձեր քանոնը՝ միևնույն երկարությամբ զուգահեռ 2 գծեր գծելու համար։

3. Գծեք զուգահեռ գծերը յուրաքանչյուր քառանկյան վրա՝ օգտագործելով յուղամատիտ։ Յուրաքանչյուր պատկերի համար առեք երկու զուգահեռ գծեր՝ օգտագործելով երկու տարբեր գույներ։ Օգտագործեք քարտ՝ յուրաքանչյուր քառակուսի անկյուն գտնելու համար և վերցրեք այն վանդակի մեջ։

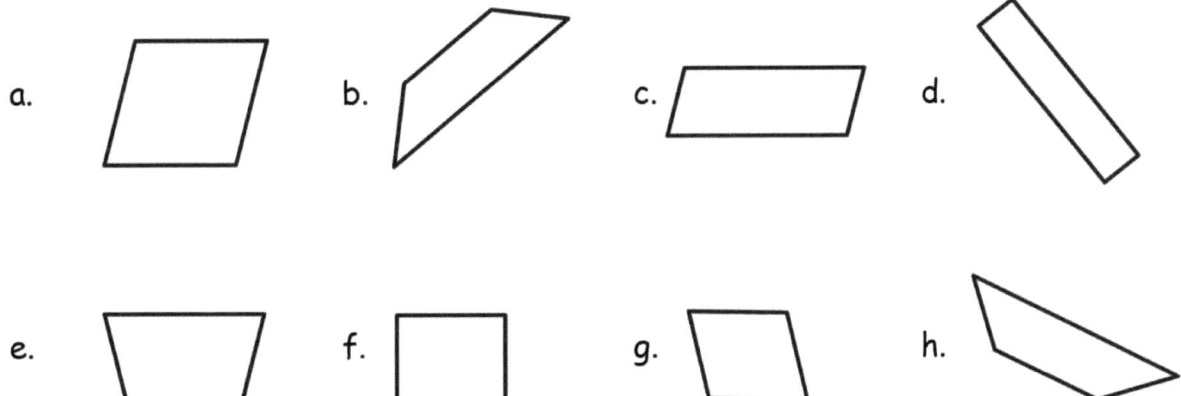

4. Գծեք զուգահեռագիծ՝ առանց քառակուսի անկյունների։

5. Գծեք 4 քառակուսի անկյունով քառանկյուն:

6. Չափեք և նշեք պատկերի կողմերը աջ կողմում ձեր սանտիմետր քանոնով: Ի՞նչ նկատեցիք: Պատրաստվեք պատմել այս քառանկյան ատրիբուտների մասին: Կարո՞ղ եք հիշել, թե ինչ է կոչվում այս բազմանկյունը:

7. Քառակուսին յուրահատուկ ուղղանկյուն է: Ի՞նչն է այն յուրահատուկ դարձնում:

____

____

20 Դաս 4. Օգտագործեք հատկանիշներ՝ տարբեր քառակուսիներ հայտնաբերելու և գծելու համար, ներառյալ ուղղանկյուններ, շեղանկյուններ, զուգահեռագծեր, սեղաններ:

EUREKA MATH

ՄԻԱՎՈՐՆԵՐԻ ՊԱՏՄՈՒԹՅՈՒՆ   Դաս 4 Գնահատման թերթիկ   2•8

Անուն _____   Ամսաթիվ _____

Օգտագործեք յուղամատիտներ զուգահեռ գծերը յուրաքանչյուր քառանկյան վրա գծելու համար: Օգտագործեք քարտ՝ յուրաքանչյուր քառակուսի անկյուն գտնելու համար և վերցրեք այն վանդակի մեջ:

1.    2. 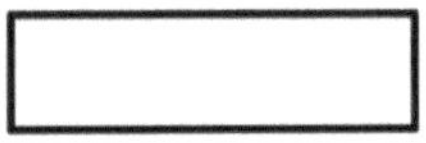   3. 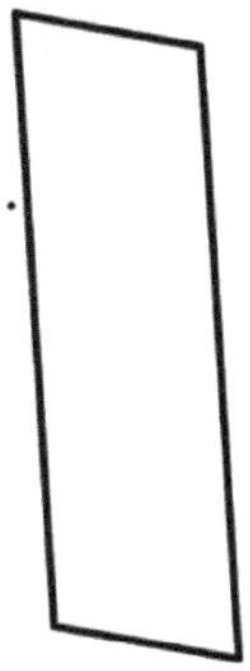   4.

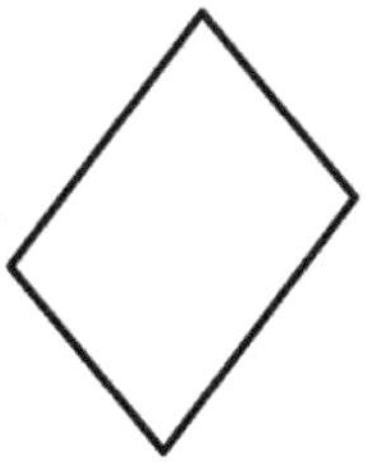

ՄԻԱՎՈՐՆԵՐԻ ՊԱՏՄՈՒԹՅՈՒՆ

Դաս 5 Գործնական խնդիր 2•8

R (ուշադիր կարդացեք խնդիրը:)

Օվենն ուներ 90 ձողիկ՝ հնգանկյուն ստեղծելու համար։ Նա ստեղծեց 5 հնգանկյուն, երբ նկատեց թվերը։ Եվս քանի՞ պատկեր նա կարող է ավելացնել օրինակին:

D (նկար նկարեք:)

W (Գրեք և լուծեք հավասարումը:)

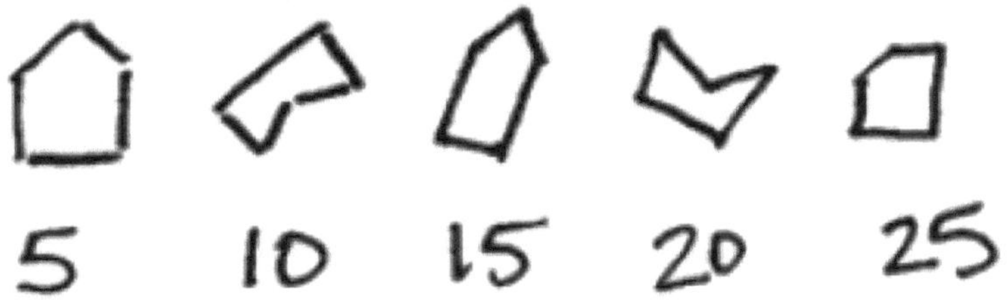

```
  ⌂    ⋀    ⌂    ⋁    ▢
  5    10   15   20   25
```

Դաս 5. Կապեք քառակուսին խորանարդի հետ և նկարագրեք խորանարդը՝ հիմնվելով նրա հատկանիշների վրա:

ՄԻԱՎՈՐՆԵՐԻ ՊԱՏՄՈՒԹՅՈՒՆ   Դաս 5 Գործնական խնդիր   2•8

W (Գրեք պատմությանը համապատասխան պնդում:)

_____

_____

_____

Դաս 5. Կապեք քառակուսին խորանարդի հետ և նկարագրեք խորանարդը՝ հիմնվելով նրա հատկանիշների վրա:

Անուն ______________________________ Ամսաթիվ ________________

1. Շրջանակի մեջ վերցրեք այն պատկերը, որը կարող է լինել խորանարդի երեսը:

2. Ո՞րն է ձեր շրջանակի մեջ վերցրած պատկերի ամենաճշգրիտ անունը: ________

3. Քանի՞ երես ունի խորանարդը: ________

4. Քանի՞ եզր ունի խորանարդը: ________

5. Քանի՞ անկյուն ունի խորանարդը: ________

6. Նկարեք 6 խորանարդ և աստղ դրեք ամենալավի կողքին:

Առաջին խորանարդ	Երկրորդ խորանարդ
Երրորդ խորանարդ	Չորրորդ խորանարդ
Հինգերորդ խորանարդ	Վեցերորդ խորանարդ

EUREKA MATH Դաս 5. Կապեք քառակուսին խորանարդի հետ և նկարագրեք խորանարդը՝ հիմնվելով նրա հատկանիշների վրա: 25

ՄԻԱՎՈՐՆԵՐԻ ՊԱՏՄՈՒԹՅՈՒՆ   Դաս 5 Խնդիրներ   2•8

7. Կապեք քառակուսիների անկյունները՝ մեկ այլ տեսակի խորանարդ: Առաջինն արված է ստեղծելու համար:

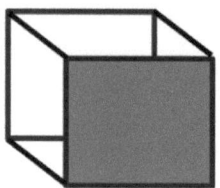 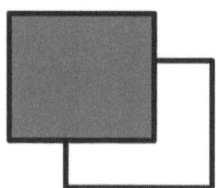 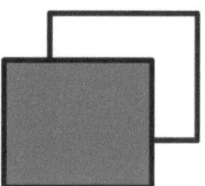 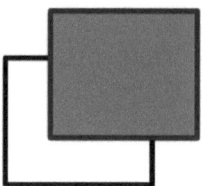

8. Դերիքը նայեց ստորև գտնվող խորանարդին: Նա ասաց, որ խորանարդն ունի ընդամենը 3 երես: Բացատրեք, թե ինչու է Դերիքը սխալ:

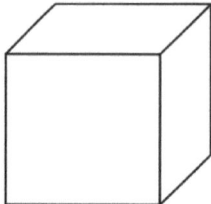

_____

_____

_____

ՄԻԱՎՈՐՆԵՐԻ ՊԱՏՄՈՒԹՅՈՒՆ Դաս 5 Գնահատման թերթիկ 2•8

Անուն _____ Ամսաթիվ _____

Նկարեք 3 խորանարդ: Աստղ դրեք ամենալավի կողքին:

Դաս 5. Կապեք քառակուսին խորանարդի հետ և նկարագրեք խորանարդը` հիմնվելով նրա հատկանիշների վրա:

R (ուշադիր կարդացեք խնդիրը:)

Ֆրանկը Ջոսիից 19 խորանարդ պակաս ունի: Ֆրանկն ունի 56 խորանարդ: Նրանք ցանկանում են օգտագործել իրենց ամբողջ խորանարդները աշտարակ կառուցելու համար: Քանի՞ խորանարդ նրանք օգտագործեցին:

D (Նկար նկարեք:)

W (Գրեք և լուծեք հավասարումը:)

ՄԻԱՎՈՐՆԵՐԻ ՊԱՏՄՈՒԹՅՈՒՆ   Դաս 6 Գործնական խնդիր   2•8

W (Գրեք իրադրությանը համապատասխան պնդում։)

_____

_____

_____

ՄԻԱՎՈՐՆԵՐԻ ՊԱՏՄՈՒԹՅՈՒՆ   Դաս 6 Խնդիրներ   2•8

Անուն _____   Ամսաթիվ _____

1. Ստորև բերված տեղում հնարավորինս ճշգրտորեն սահմանեք գլուխկոտրուկում նշված յուրաքանչյուր բազմանկյուն:

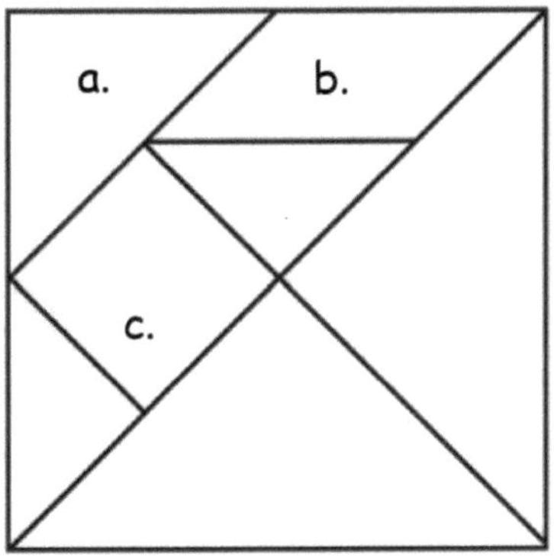

   a. _____

   b. _____

   c. _____

2. Հետևյալ բազմանկյունները կազմելու համար օգտագործեք ձեր գլուխկոտրուկի մասերից՝ քառակուսին և երկու ամենափոքր եռանկյունները: Նկարեք դրանք տրամադրված տարածքում:

a. Քառանկյուն՝ 1 զույգ զուգահեռ կողմերով:	b. Քառանկյուն առանց քառակուսի անկյունների:
c. Քառանկյուն՝ 4 քառակուսի անկյուններով:	d. Եռանկյուն՝ 1 քառակուսի անկյունով:

Դաս 6.   Միավորեք պատկերները՝ բաղադրիչներով պատկեր ստեղծելու համար; ստեղծեք նոր պատկեր՝ բաղկացուցիչ պատկերներից:

3. Հետևյալ բազմանկյունները կազմելու համար օգտագործեք ձեր գլուխկոտրուկի մասերից՝ զուգահեռագիծը և երկու ամենափոքր եռանկյունները: Նկարեք դրանք տրամադրված տարածքում:

a. Քառանկյուն՝ 1 զույգ զուգահեռ կողմերով:	b. Քառանկյուն առանց քառակուսի անկյունների:
c. Քառանկյուն՝ 4 քառակուսի անկյուններով:	d. Եռանկյուն՝ 1 քառակուսի անկյունով:

4. Վեցանկյուն կազմելու համար վերադասավորեք զուգահեռագիծը և ամենափոքր երկու եռանկյունները: Ստորև նկարեք նոր պատկերները:

5. Այլ բազմանկյուններ կազմելու համար վերադասավորեք ձեր գլուխկոտրուկի մասերը: Որոշեք դրանք աշխատելու ընթացքում:

ՄԻԱՎՈՐՆԵՐԻ ՊԱՏՄՈՒԹՅՈՒՆ   Դաս 6 Գնահատման թերթիկ   2•8

Անուն _____ Ամսաթիվ _____

Երկու նոր բազմանկյուն կազմելու համար օգտագործեք ձեր գլուխկոտրուկի մասերը։
Նկարեք յուրաքանչյուր նոր բազմանկյուն և անվանեք դրանք։

1.

2.

Դաս 6.   Միավորեք պատկերները՝ բաղադրիչներով պատկեր ստեղծելու համար;
ստեղծեք նոր պատկեր՝ բաղկացուցիչ պատկերներից։

Բաժանեք գլուխկոտրուկը 7 փազլի մասերի:

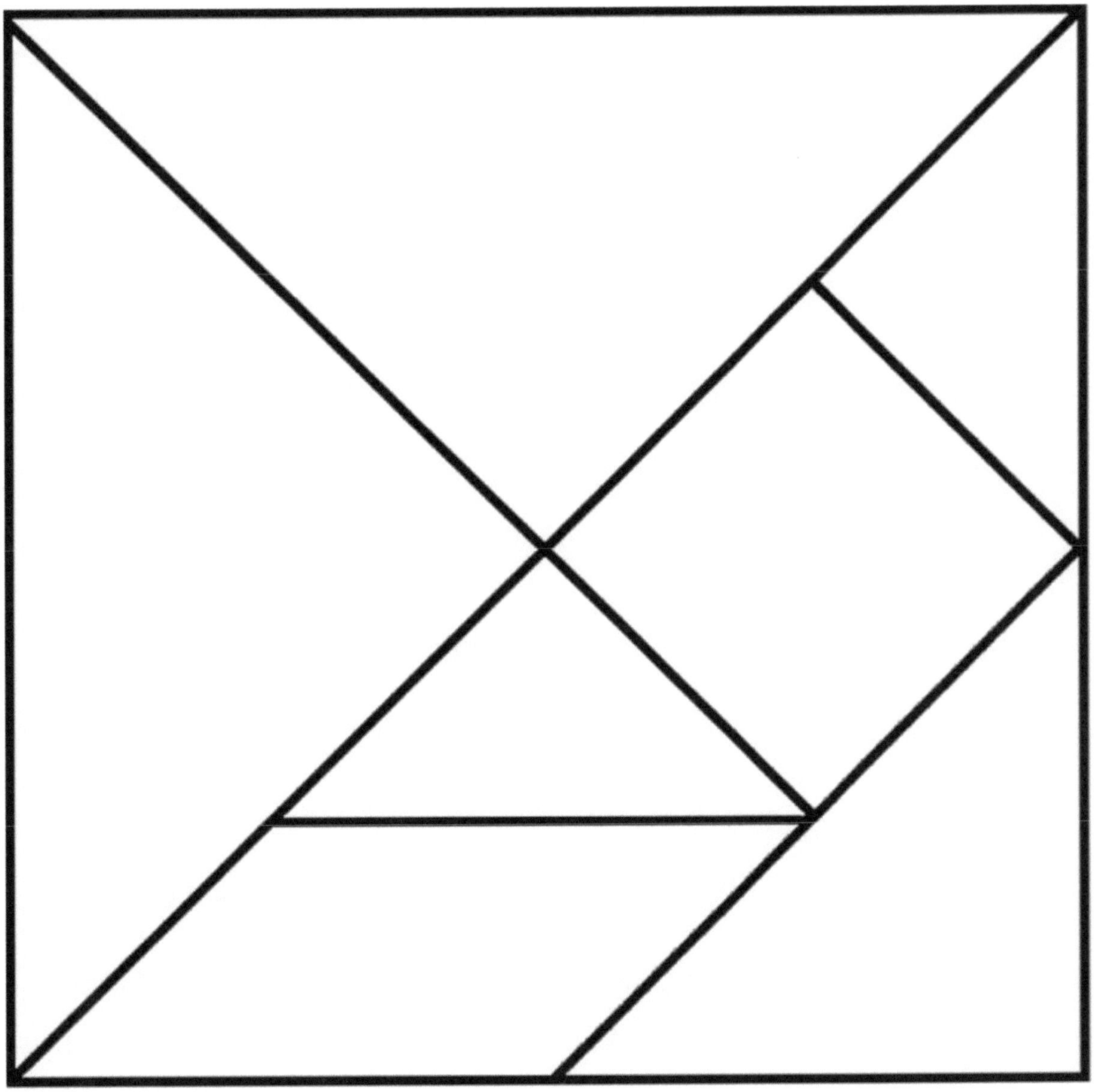

գլուխկոտրուկ

R (ուշադիր կարդացեք խնդիրը:)

Տիկին Լիբարյանի աշակերտները հավաքում էին գլուխկոտրուկի մասեր: Նրանք հավաքեցին 13 զուգահեռագիծ, 24 մեծ եռանկյուն, 24 փոքր եռանկյուն և 13 միջին եռանկյուն: Մնացածը քառակուսիներ են: Եթե նրանք ընդհանուր հավաքել են 97 մաս, ապա քանի՞ քառակուսի կար:

D (Նկար նկարեք:)

W (Գրեք և լուծեք հավասարումը:)

W (Գրեք իրադրությանը համապատասխան պնդում:)

EUREKA MATH

ՄԻԿՈՐՆԵՐԻ ՊԱՏՄՈՒԹՅՈՒՆ Դաս 7 Խնդիրներ 2•8

Անուն _____ Ամսաթիվ _____

1. Լուծեք հետևյալ փազլը օգտագործելով ձեր գլուխկոտրուկի կտորները: Ստորև գտնվող հատվածում նկարեք ձեր լուծումները:

a. Օգտագործեք երկու ամենափոքր եռանկյունիները՝ մեկ մեծ եռանկյուն կազմելու համար:	b. Օգտագործեք երկու ամենափոքր եռանկյունիները՝ առանց քառակուսի անկյունների զուգահեռագիծ կազմելու համար:
c. Օգտագործեք երկու ամենափոքր եռանկյունիները՝ քառակուսի կազմելու համար:	d. Օգտագործեք երկու ամենամեծ եռանկյունիները՝ քառակուսի կազմելու համար:
e. Քանի՞ հավասար բաժիններ ունեն (ա–դ) պատկերները:	f. Քանի՞ կեսն է կազմում (ա–դ) մասերում ամենամեծ պատկերները:

2. Շրջանակի մեջ վերցրեք այն պատկերները, որոնք ցույց են տալիս կեսեր:

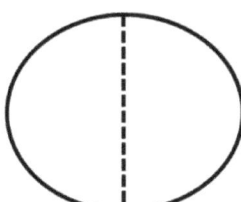 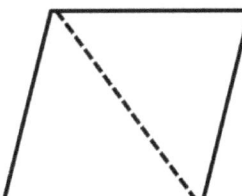 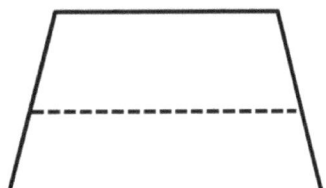 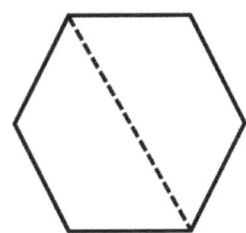

Դաս 7. Արտահայտեք հավասար բաժինները՝ բաղադրյալ բաժինների պատկերների կեսերով, երրորդներով և չորրորդներով:

3. Ցույց տվեք, թե ինչպես են 3 եռանկյուն բլոկների մասնիկները զույգ զուգահեռ գծերով սեղան կազմում:

   a. Քանի՞ հավասար բաժին ունի սեղանը: _____
   b. Քանի՞ երրորդներ կա սեղանում: _____

4. Շրջանակի մեջ վերցրեք այն պատկերները, որոնք ցույց են տալիս երրորդներ:

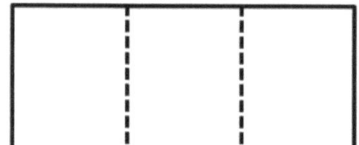 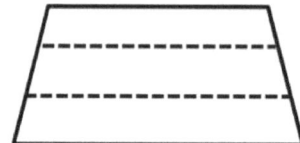 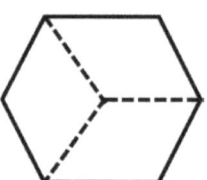

5. 3-րդ խնդրում կազմած ձեր սեղանին ավելացրեք մեկ այլ եռանկյուն՝ կազմելու համար զուգահեռագիծ: Ստորև նկարեք նոր պատկերները:

   a. Քանի՞ հավասար բաժին ունի պատկերը հիմա: _____
   b. Քանի՞ չորրորդներ կա պատկերում: _____

6. Շրջանակի մեջ վերցրեք այն պատկերները, որոնք ցույց են տալիս չորրորդներ:

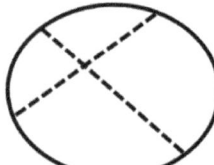 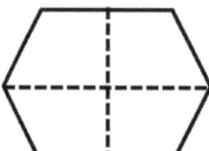 

Անուն _____ Ամսաթիվ _____

1. Շրջանակի մեջ վերցրեք այն պատկերները, որոնք ցույց են տալիս երրորդներ:

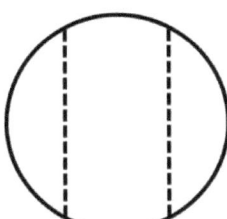 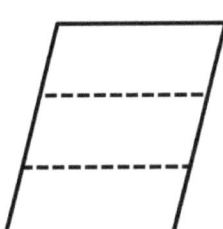 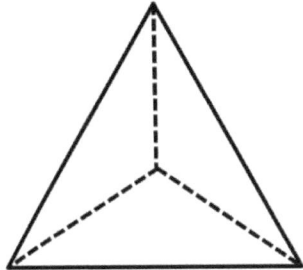

2. Շրջանակի մեջ վերցրեք այն պատկերները, որոնք ցույց են տալիս չորրորդներ:

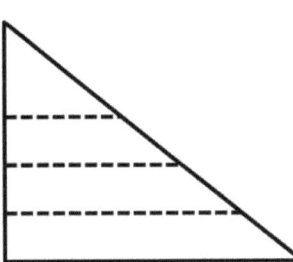 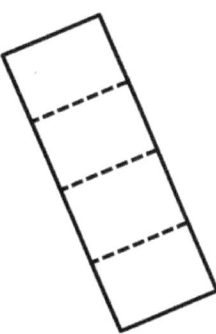 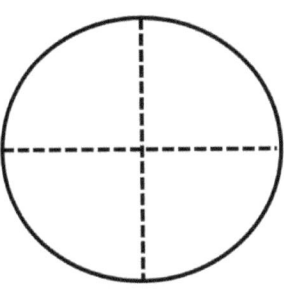

R (ուշադիր կարդացեք խնդիրը:)

Աշակերտները կազմում են մեծ պատկերներ եռանկյուններից և քառակուսիներից: Նրանք հեռացրեցին բոլորը 72 եռանկյունները: Գորգի վրա դեռ կար 48 քառակուսի: Քանի՞ եռանկյուն և քառակուսի կար գորգի վրա, երբ նրանք սկսեցին:

D (նկար նկարեք:)

W (Գրեք և լուծեք հավասարումը:)

W (Գրեք իրադրությանը համապատասխան պնդում:)

____

____

____

EUREKA MATH

ՄԻԱՎՈՐՆԵՐԻ ՊԱՏՄՈՒԹՅՈՒՆ

Դաս 8 Խնդիրներ 2•8

Անուն _____ Ամսաթիվ _____

1. Օգտագործեք մի մոդելային բլոկ, որպեսզի ծածկեք շեղանկյան կեսը։

   a. Որոշեք այն մոդելային բլոկները, որոնք օգտագործել էիք ծածկելու համար շեղանկյան կեսը։ _____

   b. Գծեք մի շեղանկյան նկար, որը կազմված է 2 կեսերից։

2. Օգտագործեք մի մոդելային բլոկ, որպեսզի ծածկեք վեցանկյան կեսը։

   a. Որոշեք այն մոդելային բլոկները, որոնք օգտագործել էիք ծածկելու համար վեցանկյան կեսը։ _____

   b. Գծեք մի վեցանկյան նկար, որը կազմված է 2 կեսերից։

3. Օգտագործեք մի մոդելային բլոկ, որպեսզի ծածկեք վեցանկյան 1 երրորդը։

   a. Որոշեք այն մոդելային բլոկները, որոնք օգտագործել էիք ծածկելու համար վեցանկյան 1 երրորդը։ _____

   b. Գծեք մի վեցանկյան նկար, որը կազմված է 3 երրորդներից։

4. Օգտագործեք մի մոդելային բլոկ, որպեսզի ծածկեք սեղանի 1 երրորդը։

   a. Որոշեք այն մոդելային բլոկները, որոնք օգտագործել էիք ծածկելու համար սեղանի 1 երրորդը։ _____

   b. Գծեք մի սեղանի նկար, որը կազմված է 3 երրորդներից։

Դաս 8. Արտահայտեք հավասար բաժինները՝ բաղադրյալ բաժինների պատկերների կեսերով, երրորդներով և չորրորդներով։

5. Օգտագործեք 4 մոդելային քառակուսի բլոկներ՝ կազմելու համար մեկ մեծ քառակուսի:

a. Նկարեք ներքևի տարածքում ձևավորված քառակուսիի նկարը:

b. Մգացրեք 1 փոքր քառակուսի: Յուրաքանչյուր փոքր քառակուսի հավասար է մեկ ամբողջ քառակուսու 1 ____________ (կեսին/երրորդին/չորրորդին) :

c. Մգացրեք ևս 1 փոքր քառակուսի: Հիմա մեկ ամբողջ քառակուսու, 2 ____________ (կեսերը/երրորդները/չորրորդները) գունավորված են:

d. Եվ քառակուսու 2 չորրորդը նույնն է, ինչ մեկ ամբողջ քառակուսու 1 ____________ (կեսը / երրորդը / չորրորդը):

e. Գունավորեք ևս 2 փոքր քառակուսիներ: ______ չորրորդը հավասար է 1 ամբողջին:

6. Օգտագործեք մի մոդելային բլոկ, որպեսզի ծածկեք վեցանկյան 1 վեցերորդը:

a. Որոշեք այն մոդելային բլոկները, որոնք օգտագործել էիք ծածկելու համար վեցանկյան 1 վեցերորդը: ____________

b. Գծեք մի վեցանկյան նկար, որը կազմված է 6 վեցերորդներից:

EUREKA MATH

Անուն _____ Ամսաթիվ _____

Անվանեք այն մոդելային բլոկները, որոնք օգտագործել եք ծածկելու համար ուղղանկյան կեսը: _____

Օգտագործեք ստորև պատկերը գծելու համար այն մոդելային բլոկները, որոնք օգտագործել եք 2 կեսերը ծածկելու համար:

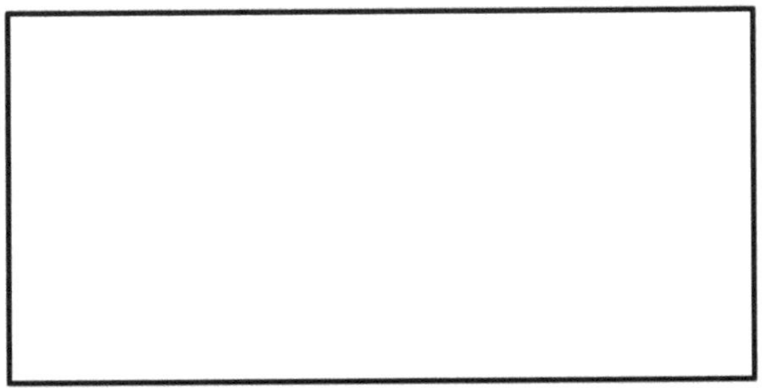

ՄԻԱՎՈՐՆԵՐԻ ՊԱՏՄՈՒԹՅՈՒՆ   Դաս 9 Գործնական խնդիր   2•8

R (ուշադիր կարդացեք խնդիրը:)

Պարոն Թոմփսոնի դասարանը դաշտային ուղևորության համար հավաքեց 96 դոլար: Նրանք ընդհանուր պետք է հավաքեն 120 դոլար:

a. Իրենց նպատակին հասնելու համար դեռ որքա՞ն պետք է հավաքեն նրանք:

b. Եթե նրանք հավաքեն ևս 86 դոլար, ապա որքա՞ն հավելյալ գումար նրանք կունենան:

D (նկար նկարեք:)

W (Գրեք և լուծեք հավասարումը:)

Դաս 9.   Շրջանակները և ուղղանկյունները բաժանեք հավասար մասերի և այդ մասերը նկարագրեք որպես կեսեր մեկ, երրորդներ և մեկ քառորդներ:

W (Գրեք իրադրությանը համապատասխան պնդում:)

a.

b.

EUREKA MATH

Անուն _____ Ամսաթիվ _____

1. Շրջանակի մեջ վերցրեք այն պատկերներն, որոնք ունեն 2 հավասար մասեր 1 գունավորված մասով:

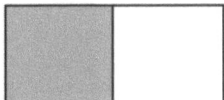 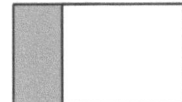 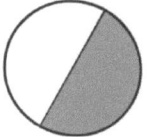 

2. Գունավորեք 1 պատկերի կեսը, որը բաժանված է 2 հավասար մասերի: Մեկը բերված է որպես օրինակ:

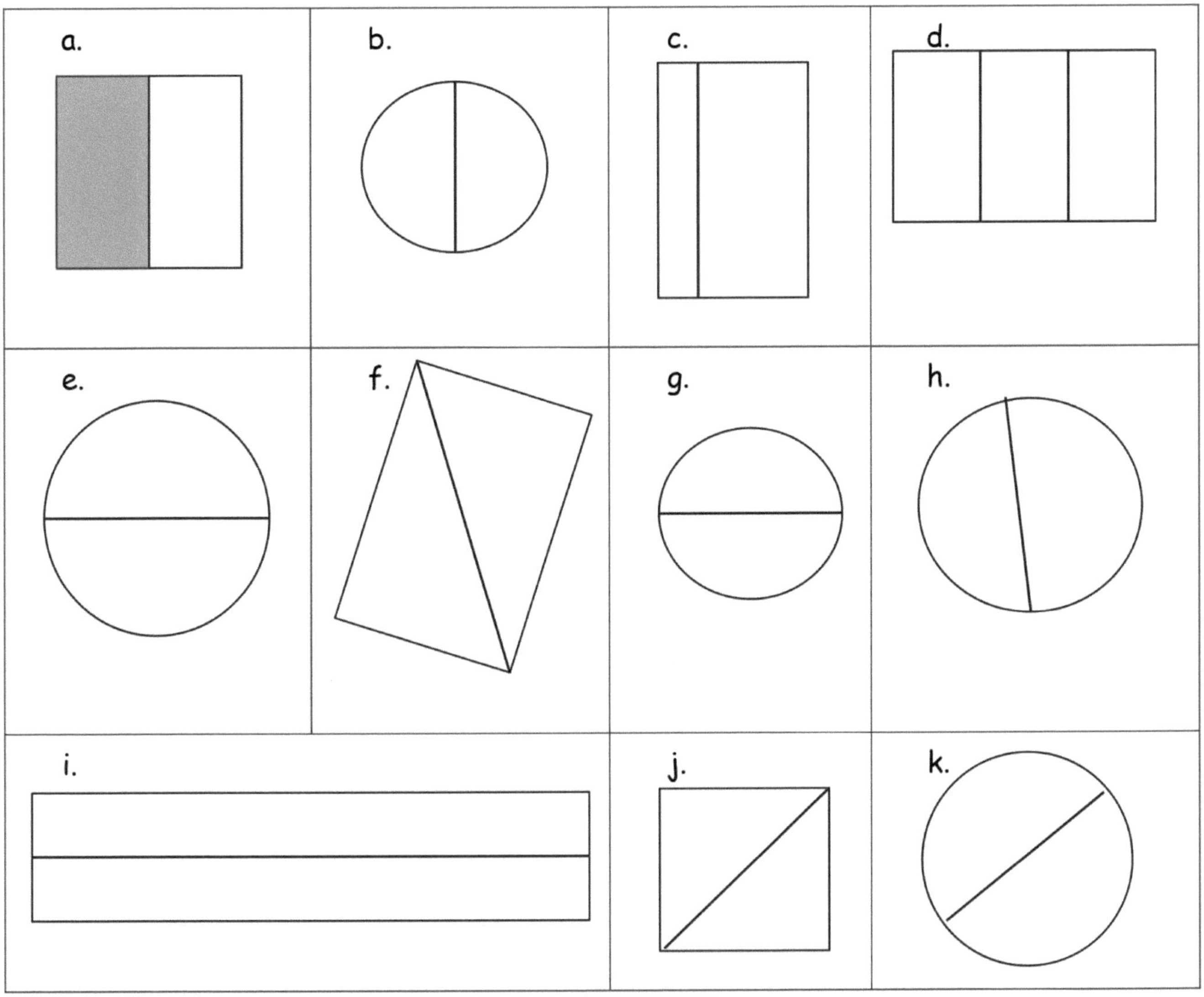

a.	b.	c.	d.
e.	f.	g.	h.
i.	j.	k.	

3. Մասնատեք պատկերները ցույց տալու համար կեսերը։ Գունավորեք յուրաքանչյուրի 1 կեսը։ Համեմատեք ձեր կեսերը ընկերոջ կեսերի հետ։

a.

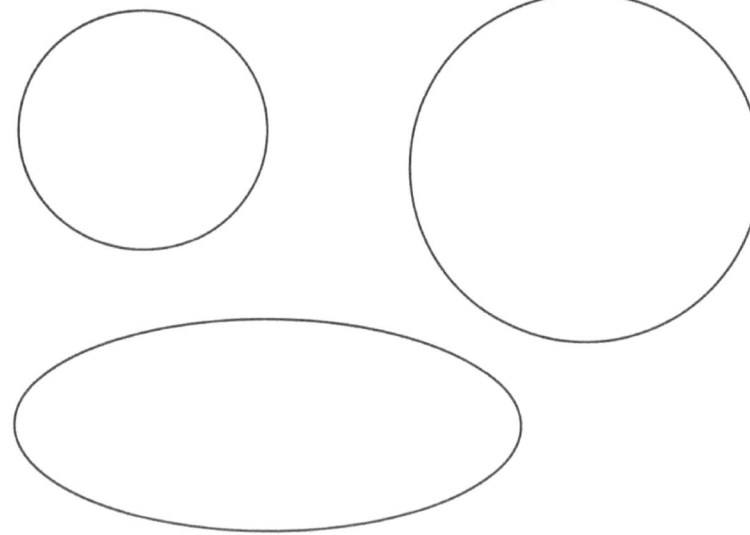

b.

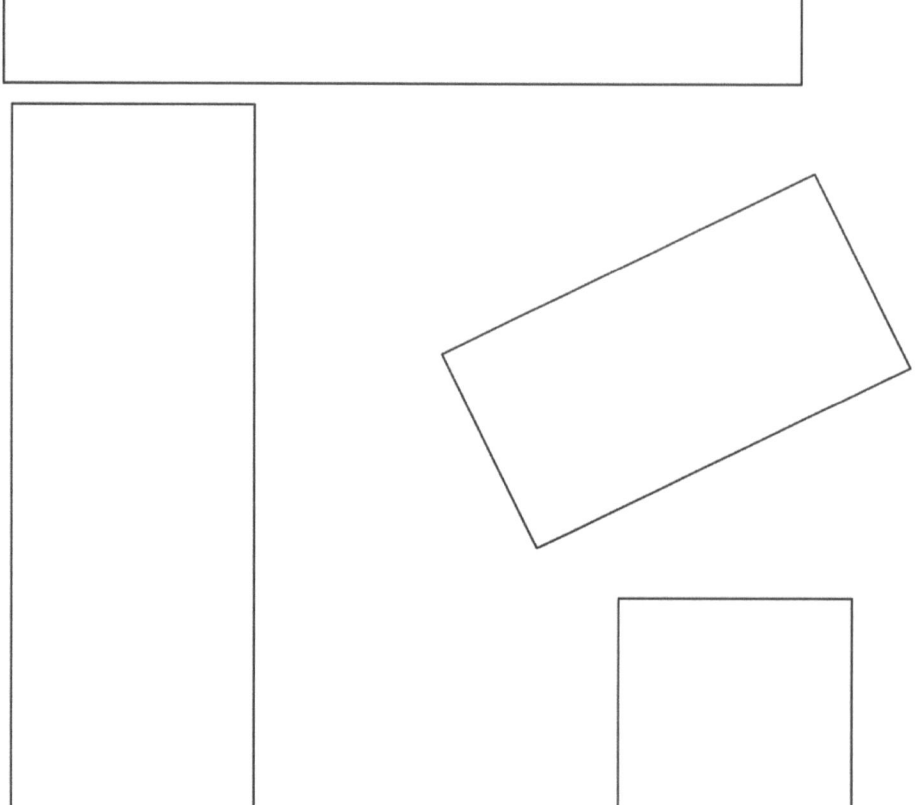

Անուն _____ Ամսաթիվ _____

Գունավորեք 1 պատկերի կեսը, որը բաժանված է 2 հավասար մասերի:

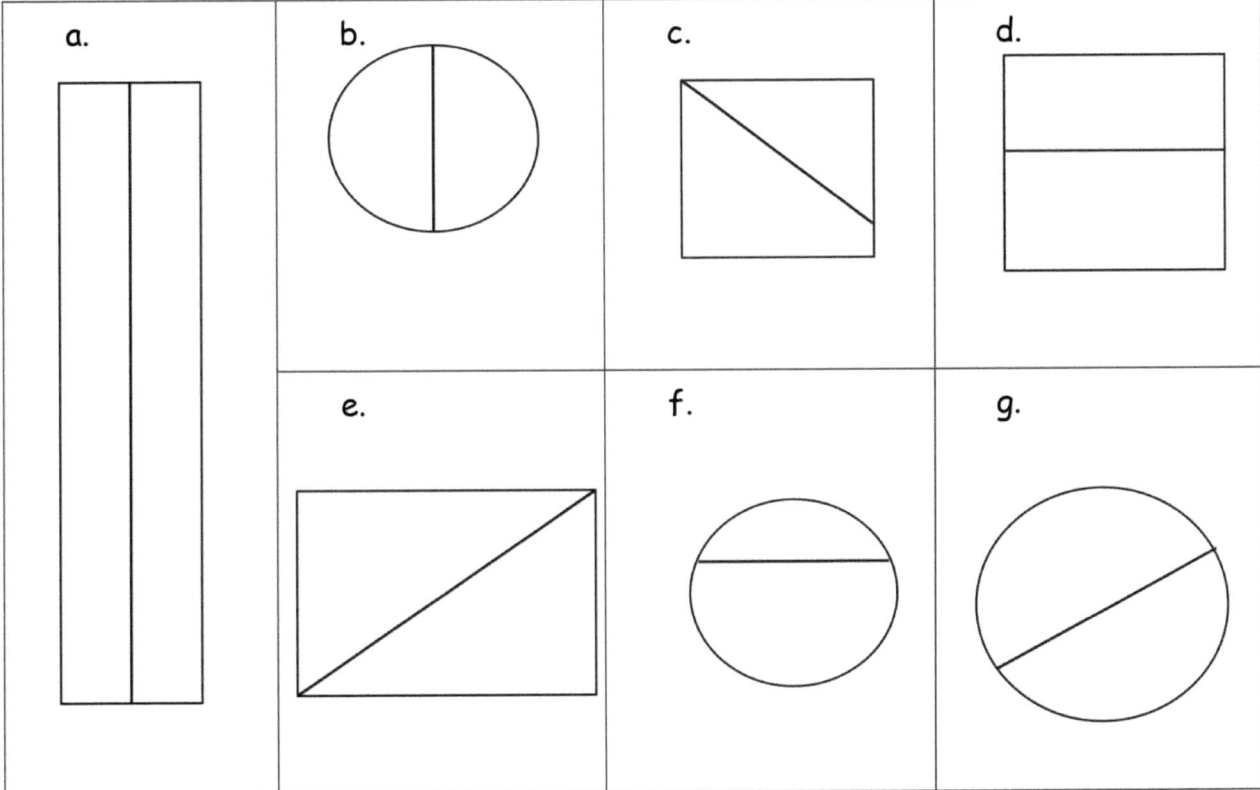

Դաս 9. Շրջանակները և ուղղանկյունները բաժանեք հավասար մասերի և այդ մասերը նկարագրեք որպես կեսեր մեկ, երրորդներ և մեկ քառորդներ:

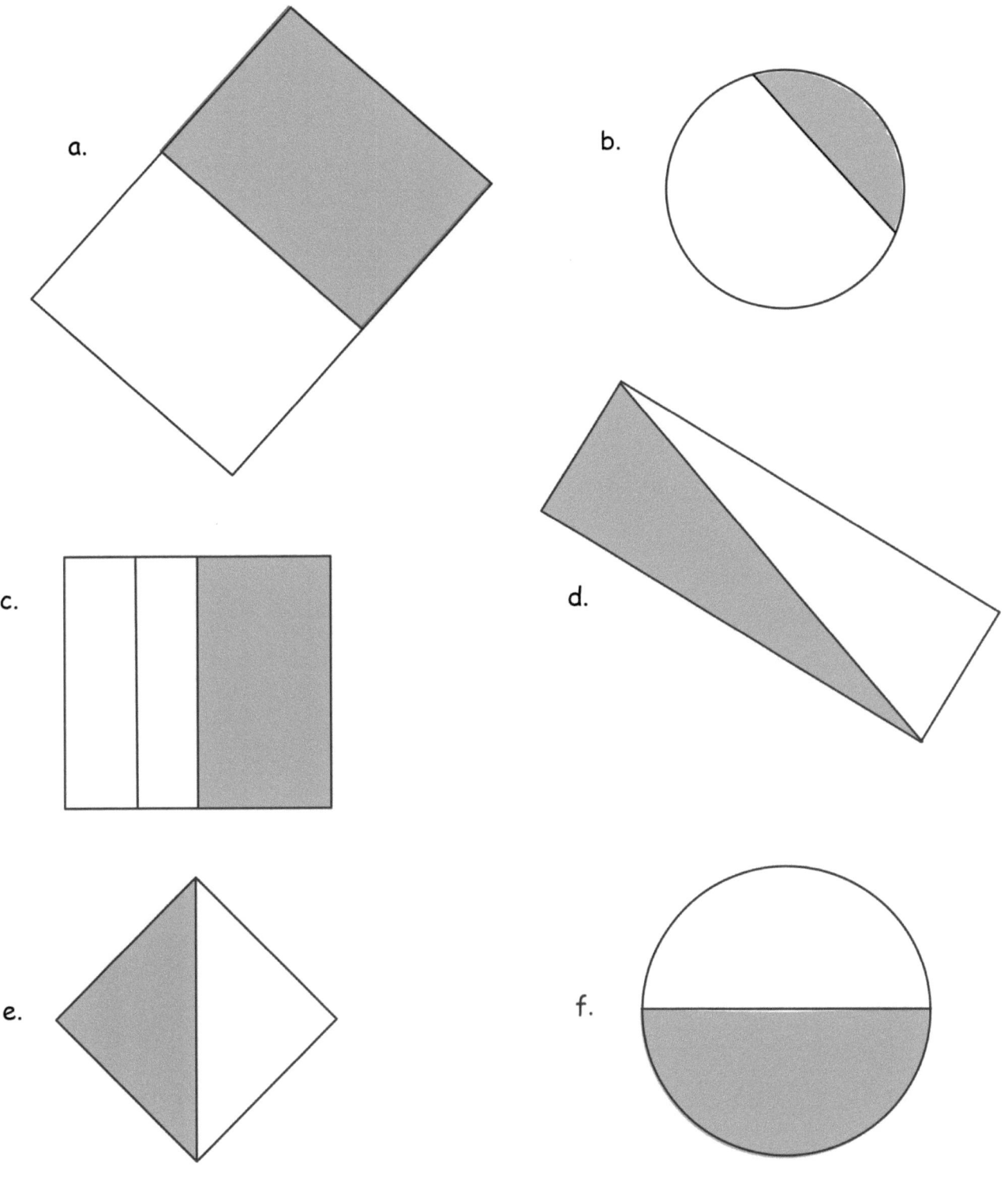

a.

b.

c.

d.

e.

f.

Դաս 9. Շրջանակները և ուղղանկյունները բաժանեք հավասար մասերի և այդ մասերը նկարագրեք որպես կեսեր մեկ, երրորդներ և մեկ քառորդներ:

ՄԻԱՎՈՐՆԵՐԻ ՊԱՏՄՈՒԹՅՈՒՆ Դաս 10 Գործնական խնդիր 2•8

R (ուշադիր կարդացեք խնդիրը։)

Ֆելիքսը վիճակախաղի տոմսեր է տալիս։ Նա տալիս է 98 տոմս և մնում է՝ 57։ Քանի՞ վիճակախաղի տոմսով էր նա սկսել։

D (նկար նկարեք։)

W (Գրեք և լուծեք հավասարումը։)

Դաս 10. Շրջանակները և ուղղանկյունները բաժանեք հավասար մասերի և այդ մասերը նկարագրեք որպես կեսեր մեկ, երրորդներ և մեկ քառորդներ։

W (Գրեք իրադրությանը համապատասխան պնդում:)

_____

_____

_____

Անուն ______________________________ Ամսաթիվ ______________

1. a. 1(a) խնդրում գտնվող պատկերները ցույց են տալիս կեսեր, թե՞ երրորդներ: __________

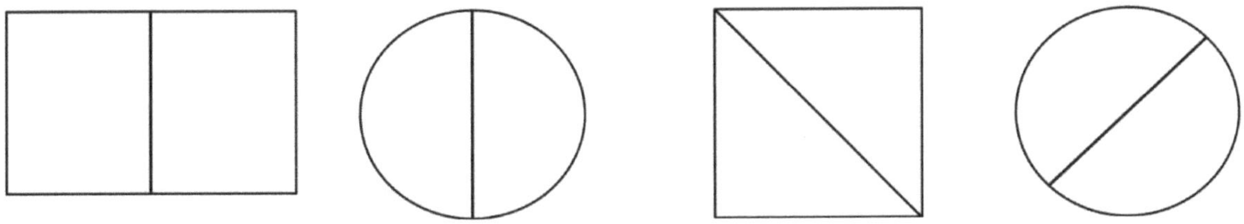

b. Գծեք ևս 1 գիծ՝ վերոնշյալ պատկերները չարրորդների վերածելու համար:

2. Բաժանեք յուրաքանչյուր ուղղանկյուն երրորդների: Այնուհետև գունավորեք պատկերները, ինչպես նշված է:

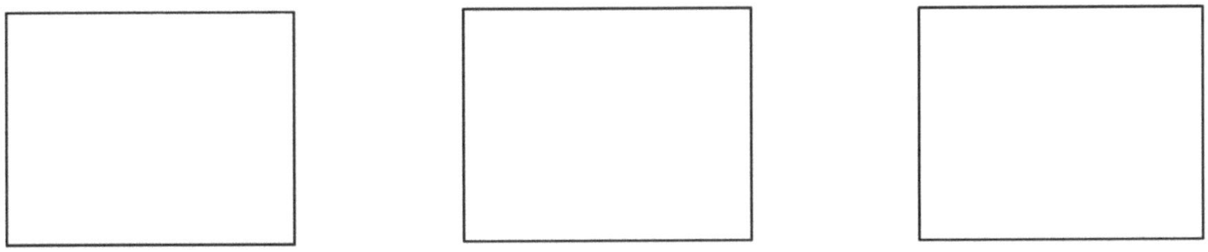

3 երրորդ 2 երրորդ 1 երրորդ

3. Բաժանեք յուրաքանչյուր շրջանակ չորրորդների: Այնուհետև գունավորեք պատկերները, ինչպես նշված է:

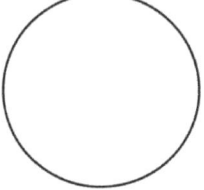

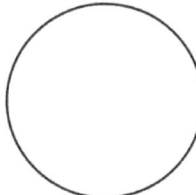

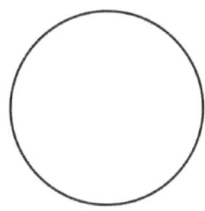

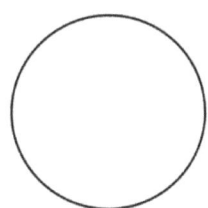

4 չորրորդ 3 չորրորդ 2 չորրորդ 1 չորրորդ

Դաս 10. Շրջանակները և ուղղանկյունները բաժանեք հավասար մասերի և այդ մասերը նկարագրեք որպես կեսեր մեկ, երրորդներ և մեկ քառորդներ:

ՄԻԱՎՈՐՆԵՐԻ ՊԱՏՄՈՒԹՅՈՒՆ   Դաս 10 Խնդիրներ   2•8

4. Բաժանեք և գունավորեք հետևյալ պատկերները, ինչպես նշված է: Յուրաքանչյուր ուղղանկյուն կամ շրջան մի ամբողջություն է:

a. 1 չորրորդ

b. 1 երրորդ

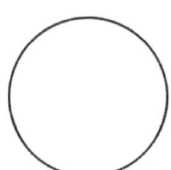

c. 1 կես

d. 2 չորրորդ

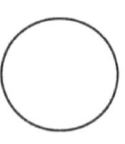

e. 2 երրորդ

f. 2 կես

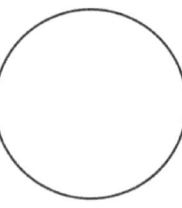

g. 3 չորրորդ

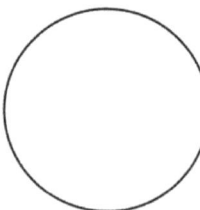

h. 3 երրորդ

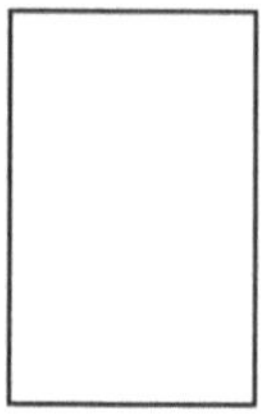

i. 3 կեսեր

5. Բաժանեք ստորև գտնվող պիցցան այնպես, որ Մարիան Փոլը, Ջոսը և Մարկն ունենան հավասար բաժիններ: Նշեք յուրաքանչյուր աշակերտի բաժինն իր անվամբ:

a. Պիցցայի որերո՞րդ կոտորակային մասը կերան տղաներից յուրաքանչյուրը:

b. Պիցցայի որերո՞րդ կոտորակային մասը կերան տղաները միասին:

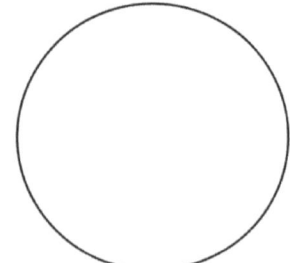

ՄԻԱՎՈՐՆԵՐԻ ՊԱՏՄՈՒԹՅՈՒՆ Դաս 10 Գնահատման թերթիկ 2•8

Անուն ______________________________ Ամսաթիվ ______________

Բաժանեք և գունավորեք հետևյալ պատկերները, ինչպես նշված է: Յուրաքանչյուր ուղղանկյուն կամ շրջան մի ամբողջ է:

1. 2 կես

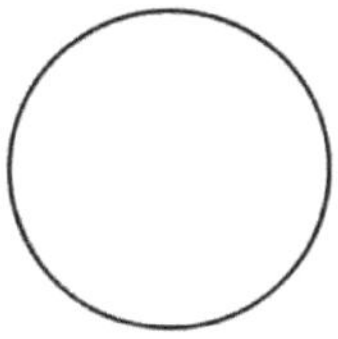

2. 2 երրորդ

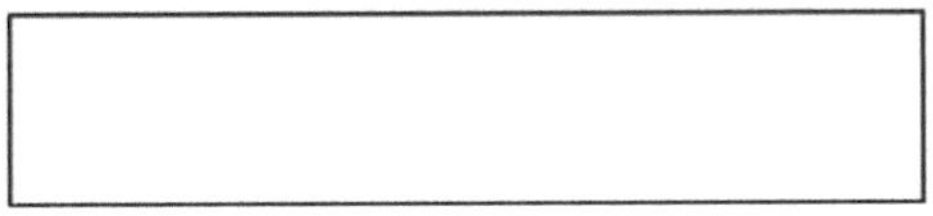

3. 1 երրորդ

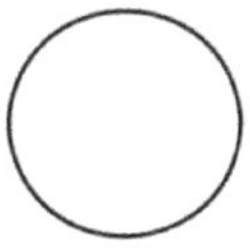

4. 1 կես

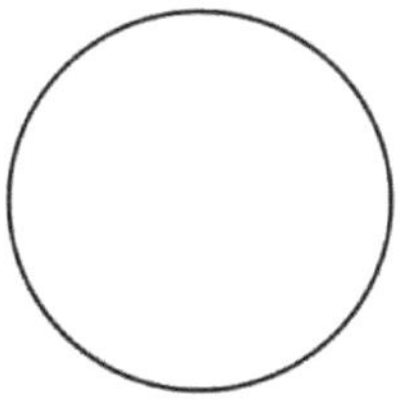

5. 2 չորրորդ

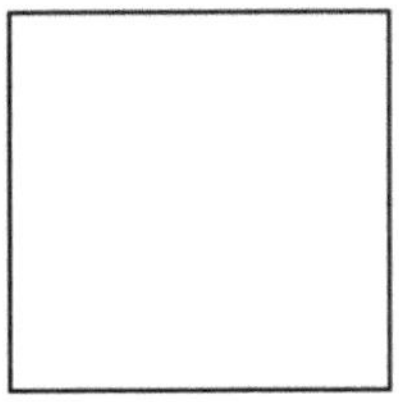

6. 1 չորրորդ

Դաս 10. Շրջանակները և ուղղանկյունները բաժանեք հավասար մասերի և այդ մասերը նկարագրեք որպես կեսեր մեկ, երրորդներ և մեկ քառորդներ:

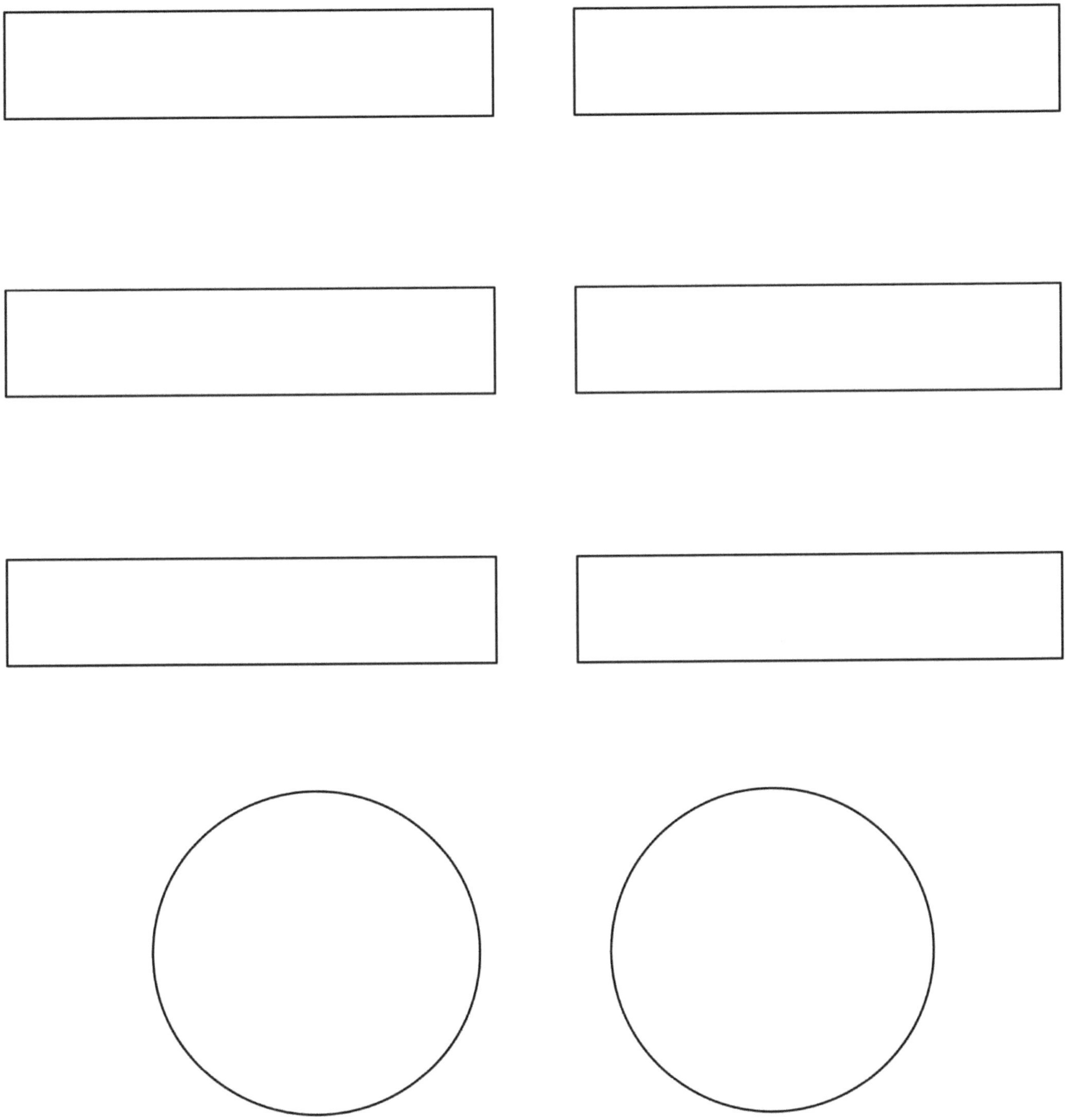

ՄԻԱՎՈՐՆԵՐԻ ՊԱՏՄՈՒԹՅՈՒՆ   Դաս 10   Ճանաչեմ   2•8

ուղղանկյուններ և շրջանակներ

Դաս 10. Շրջանակները և ուղղանկյունները բաժանեք հավասար մասերի և այդ մասերը նկարագրեք որպես կեսեր մեկ, երրորդներ և մեկ քառորդներ:

R (ուշադիր կարդացեք խնդիրը:)

Հակոբը հավաքեց 70 բեյսբոլի քարտ: Նա տալիս է դրանց կեսը իր եղբայր Սամին: Քանի՞ բեյսբոլի քարտ մնաց Հակոբին:

D (նկար նկարեք:)

W (Գրեք և լուծեք հավասարումը:)

ՄԻԱՎՈՐՆԵՐԻ ՊԱՏՄՈՒԹՅՈՒՆ | Դաս 11 Գործնական խնդիր | 2•8

W (Գրեք իրադրությանը համապատասխան պնդում։)

_____

_____

_____

Դաս 11. Ամբողջը նկարագրեք հավասար մասերի քանակով՝ ներառյալ 2 կեսը, 3 երրորդը և 4 չորրորդը։

ՄԻԱՎՈՐՆԵՐԻ ՊԱՏՄՈՒԹՅՈՒՆ   Դաս 11 Խնդիրներ   2•8

Անուն _____   Ամսաթիվ _____

1. Որոշեք գունավորված մակերեսները (ա), (գ) և (ե) մասերի համար։

   a.

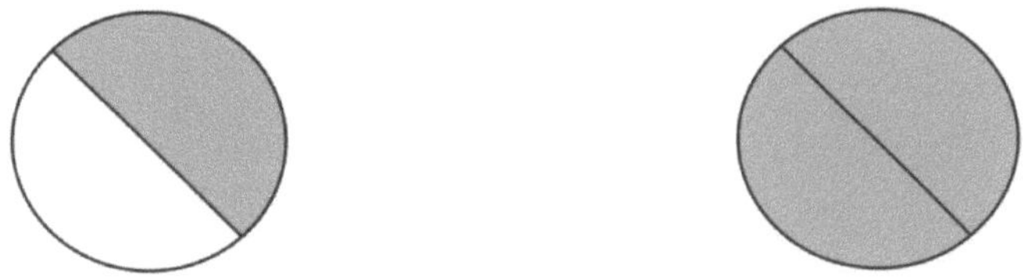

   _____ կես   _____ կեսեր

   b. Շրջանակի մեջ վերցրեք այն պատկերը վերևում, որն ունի գունավորված մաս, որը ցույց է տալիս 1 ամբողջ։

   c.

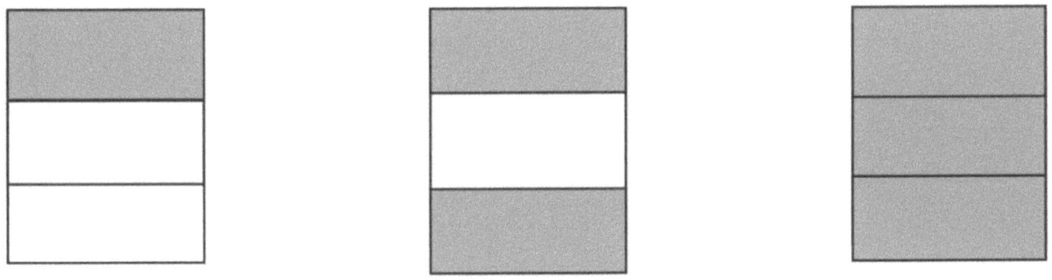

   _____ երրորդ   _____ երրորդներ   _____ երրորդներ

   d. Շրջանակի մեջ վերցրեք այն պատկերը վերևում, որն ունի գունավորված մաս, որը ցույց է տալիս 1 ամբողջ։

   e.

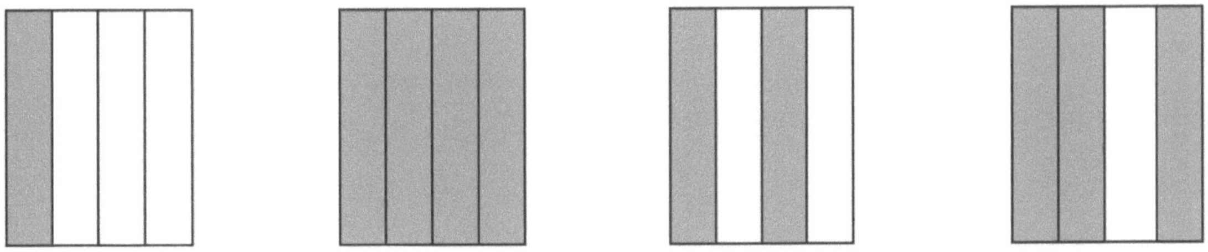

   _____ չորրորդ   _____ չորրորդներ   _____ չորրորդներ   _____ չորրորդներ

   f. Շրջանակի մեջ վերցրեք այն պատկերը վերևում, որն ունի գունավորված մաս, որը ցույց է տալիս 1 ամբողջ։

Դաս 11.   Ամբողջը նկարագրեք հավասար մասերի քանակով՝ ներառյալ 2 կեսը, 3 երրորդը և 4 չորրորդը։

2. Ո՞ր կոտորակային մասը պետք է գունավորեք, որպեսզի 1 ամբողջը գունավորվի:

a.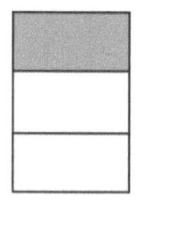
_____

b.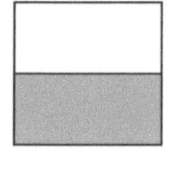
_____

c.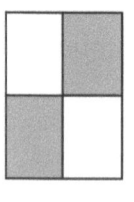
_____

d.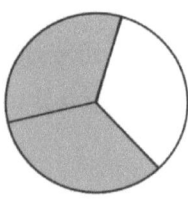
_____

e.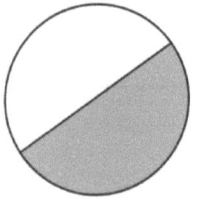
_____

f.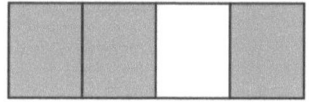
_____

3. Լրացրեք նկարը՝ ցույց տալու համար 1 ամբողջը:

a. Սա 1 կես է:
Նկարեք 1 ամբողջ:

b. Սա 1 երրորդ է:
Նկարեք 1 ամբողջ:

c. Սա 1 չորրորդ է:
Նկարեք 1 ամբողջ:

ՄԻԱՎՈՐՆԵՐԻ ՊԱՏՄՈՒԹՅՈՒՆ   Դաս 11 Գնահատման թերթիկ   2•8

Անուն _____   Ամսաթիվ _____

Ո՞ր կոտորակային մասը պետք է գունավորեք, որպեսզի 1 ամբողջը գունավորվի:

1.

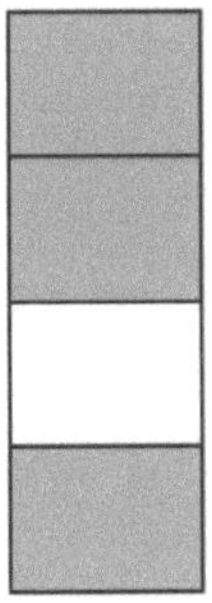

_____

2.

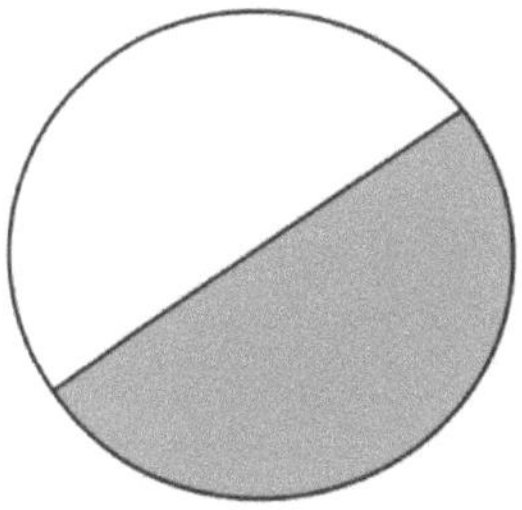

_____

3.

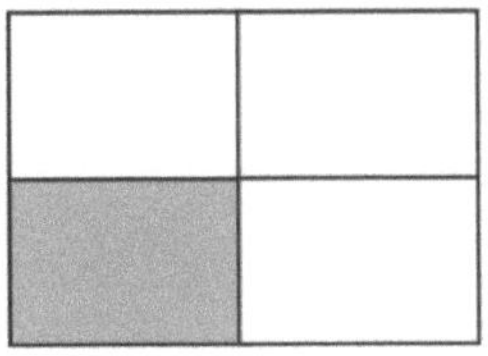

_____

4.

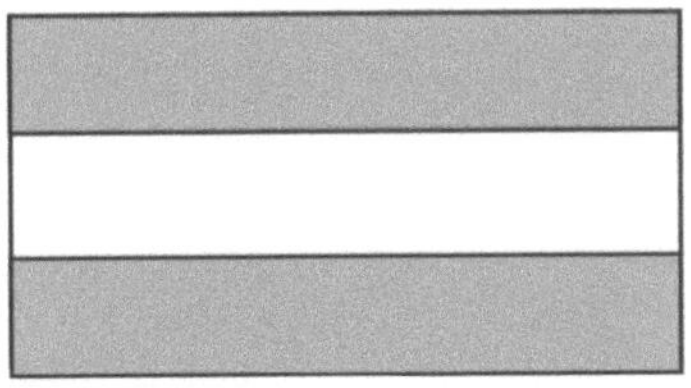

_____

Դաս 11. Ամբողջը նկարագրեք հավասար մասերի քանակով՝ ներառյալ 2 կեսը, 3 երրորդը և 4 չորրորդը:

69

R (ուշադիր կարդացեք խնդիրը:)

Տուգոն երկու պիցցա պատրաստեց իր և իր 5 ընկերների համար։ Նա ցանկանում է, որպեսզի յուրաքանչյուրն ունենա հավասար պիցցայի կտորներ։ Արդյո՞ք նա պետք է պիցցաները բաժանի՝ կեսի, երրորդի կամ չորրորդի։

D (նկար նկարեք:)

ՄԻԱՎՈՐՆԵՐԻ ՊԱՏՄՈՒԹՅՈՒՆ   Դաս 12 Գործնական խնդիր   2•8

W (Գրեք իրադրությանը համապատասխան պնդում:)

_____

_____

_____

Դաս 12. Ընդունեք, որ նույնական ուղղանկյան հավասար մասերը կարող են ունենալ տարբեր ձևեր:

ՄԻԱՎՈՐՆԵՐԻ ՊԱՏՄՈՒԹՅՈՒՆ   Դաս 12 Խնդիրներ   2•8

Անուն _____   Ամսաթիվ _____

1. Մասնատեք ուղղանկյունը 2 տարբեր եղանակներով՝ ցույց տալու համար հավասար մասերը:

   a. 2 կես

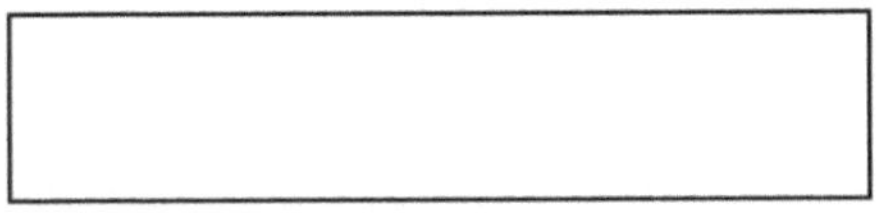

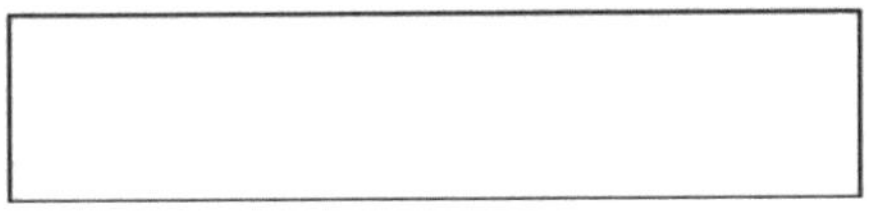

   b. 3 երրորդ

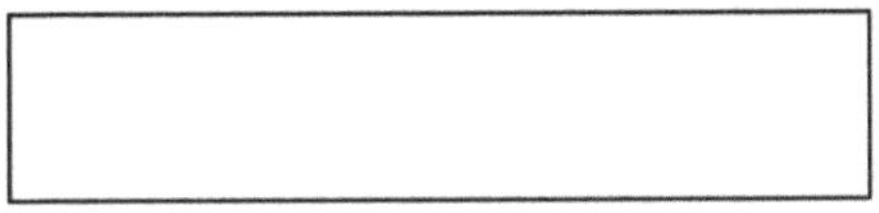

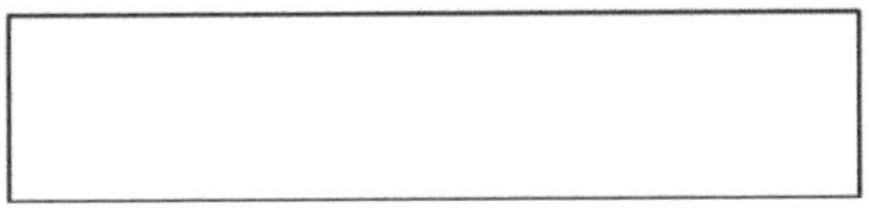

   c. 4 չորրորդ

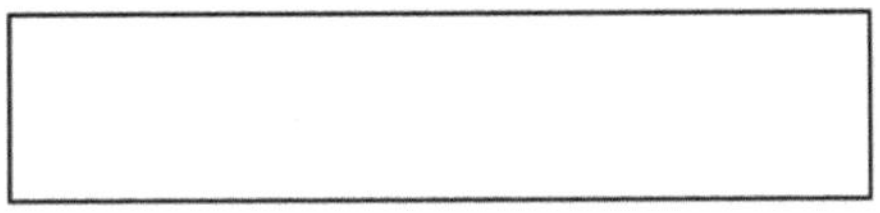

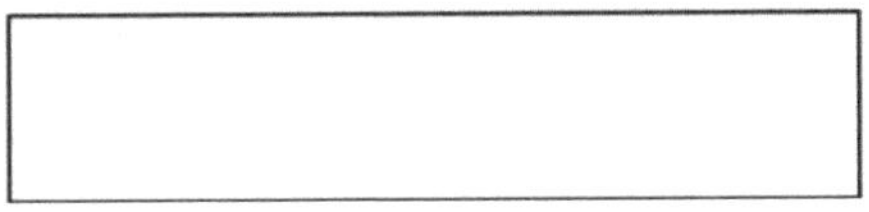

2. Կառուցեք բնօրինակ ամբողջ քառակուսին՝ օգտագործելով ուղղանկյան կեսը և ձեր 4 փոքր եռանկյունների կողմից ներկայացված կեսը: Նկարեք ստորև նշված տեղում:

Դաս 12.   Ընդունեք, որ նույնական ուղղանկյան հավասար մասերը կարող են ունենալ տարբեր ձևեր:

3. Օգտագործեք ամբողջ քառակուսու՝ տարբեր գունավորած կեսեր:

   a. Կտրեք քառակուսին կեսով, որպեսզի կազմեք 2 հավասարաչափ ուղղանկյուններ:

   b. Վերադասավորեք կեսերը՝ նոր ուղղանկյուն ստեղծելու համար, որոնք չեն ունենա արանքներ և մեկը մյուսին չեն ծածկի:

   c. Կտրեք յուրաքանչյուր հավասար մաս կեսով, որպեսզի կազմեք 4 հավասարաչափ քառակուսի:

   d. Վերադասավորեք նոր հավասար բաժինները՝ կազմելու համար տարբեր բազմանկյուններ:

   e. Նկարեք ձեր նոր բազմանկյուններից մեկը (դ) մասից ստորև:

Լրացում.

4. Կտրատեք շրջանակը:

   a. Կտրատեք շրջանակը մասերի:

   b. Վերադասավորեք կեսերը՝ նոր պատկերներ ստեղծելու համար, որոնք չեն ունենա արանքներ և մեկը մյուսին չեն ծածկի:

   c. Կտրեք յուրաքանչյուր հավասար բաժին կեսով:

   d. Վերադասավորեք հավասար բաժինները՝ նոր պատկերներ ստեղծելու համար, որոնք չեն ունենա արանքներ և մեկը մյուսին չեն ծածկի:

   e. Ձեր նոր ձևը նկարեք (դ) մասից ստորև:

ՄԻԱՎՈՐՆԵՐԻ ՊԱՏՄՈՒԹՅՈՒՆ Դաս 12 Գնահատման թերթիկ 2•8

Անուն _____ Ամսաթիվ _____

Մասնատեք ուղղանկյունը 2 տարբեր եղանակներով՝ ցույց տալու համար հավասար բաժինները:

1. 2 կես

2. 3 երրորդ

3. 4 չորրորդ

Դաս 12. Ընդունեք, որ նույնական ուղղանկյան հավասար մասերը կարող են ունենալ տարբեր ձևեր:

ՄԻԱՎՈՐՆԵՐԻ ՊԱՏՄՈՒԹՅՈՒՆ   Դաս 13 Խնդիրներ 2•8

Անուն _____   Ամսաթիվ _____

1. Ասացեք, թե ստորև գտնվող հատվածում, ո՞ր կոտորակով է յուրաքանչյուր ժամ գունավորված, օգտագործելով՝ չորրորդ, չորրորդներ, կես *կամ* կեսեր *բառերը*:

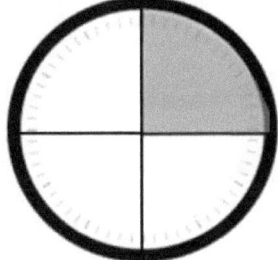   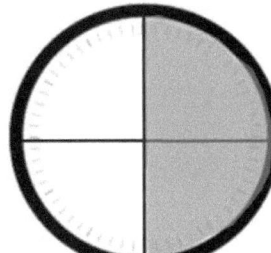   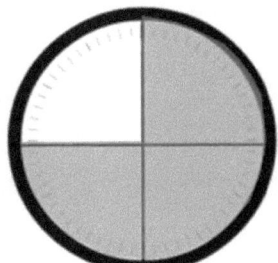   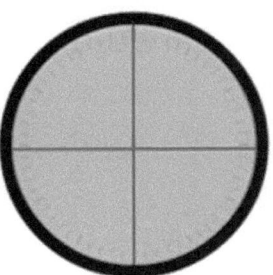

_____   _____   _____   _____

2. Գրեք յուրաքանչյուր ժամացույցի ցույց տված ժամը:

a.      b.

_____   _____

c.      d.

_____   _____

3. Գիծ գծելով համապատասխանեցրեք յուրաքանչյուր ժամ ճիշտ ժամացույցին:

- 4-ին քառորդ պակաս
- 8-ն անց կես
- 8:30
- 3:45
- 1:15

3. Նկարեք րոպեի սլաքը ժամացույցի վրա, որպեսզի ցույց տա ճիշտ ժամը:

3:45

11:30

6:15

Դաս 13. Պատրաստեք թղթե ժամացույց՝ մասնատելով շրջանը կեսերի և չորրորդների և ասացեք ժամը՝ ժամի կամ ժամ չորրորդի ճշգրտությամբ:

EUREKA MATH

ՄԻԱՎՈՐՆԵՐԻ ՊԱՏՄՈՒԹՅՈՒՆ　　　Դաս 13 Գնահատման թերթիկ　2•8

Անուն _____　　Ամսաթիվ _____

Նկարեք րոպեի սլաքը ժամացույցի վրա, որպեսզի ցույց տա ճիշտ ժամը:

7-ն անց կես 　　　　　12:15　　　　　3-ին քառորդ պակաս

R (ուշադիր կարդացեք խնդիրը։)

Բրաունի թխելու համար պահանջվում է 45 րոպե։ Պիցցա թխելու համար կես ժամ պակաս է հարկավոր, քան բրաունին թխելու համար։ Որքա՞ն ժամանակ է անհրաժեշտ պիցցա թխելու համար։

D (նկար նկարեք։)

W (Գրեք և լուծեք հավասարումը։)

W (Գրեք իրադրությանը համապատասխան պնդում:)

_____

_____

_____

ՄԻԱՎՈՐՆԵՐԻ ՊԱՏՄՈՒԹՅՈՒՆ   Դաս 14 Խնդիրներ   2•8

Անուն _____   Ամսաթիվ _____

1. Լրացրեք բացակայող թվերը։

   60, 55, 50, _____, 40, _____, _____, _____, 20, _____, _____, _____, _____,

2. Րոպեները ցույց տալու համար լրացրեք բացակայող թվերը ժամացույցի վրա։

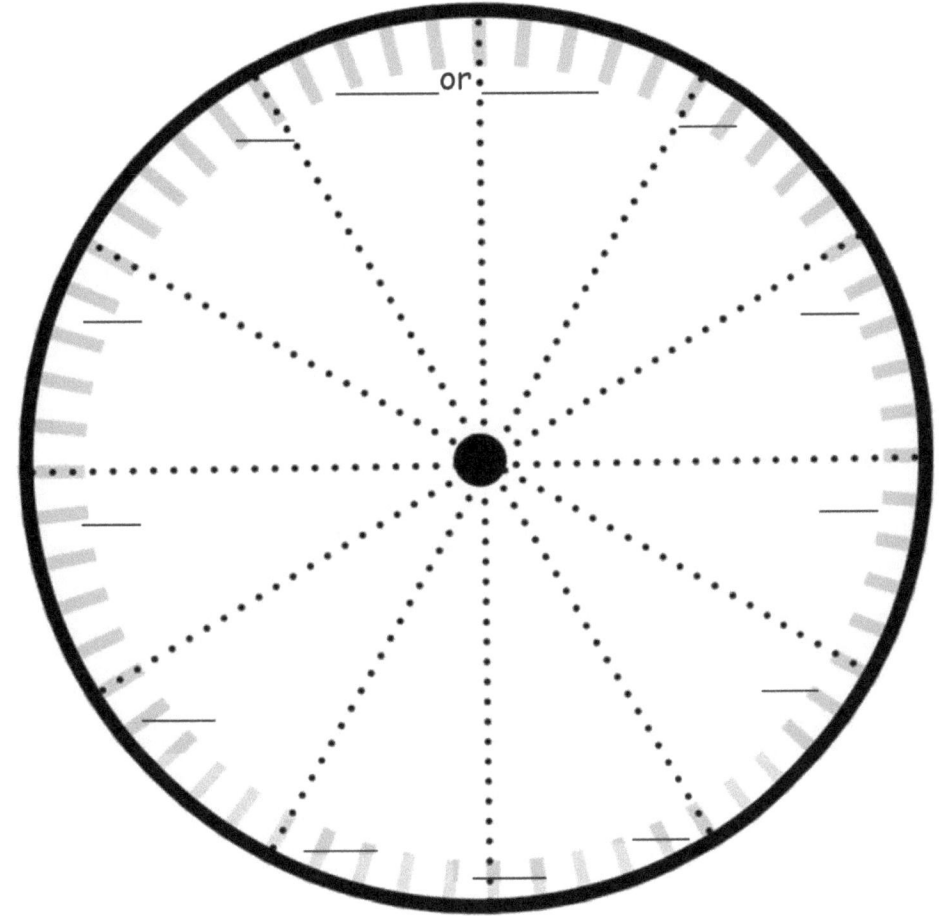

Դաս 14.   Ասեք, թե ժամը քանիսն է մոտակա 5 րոպեների ճշտությամբ։

3. Նշված ժամին համապատասխան նկարեք ժամի և րոպեի սլաքը ժամացույցների վրա։

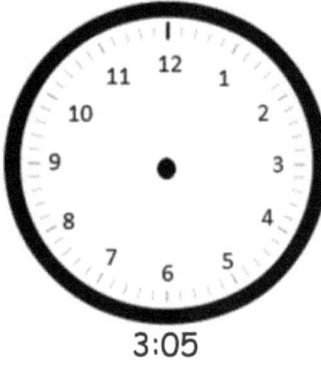
3:05

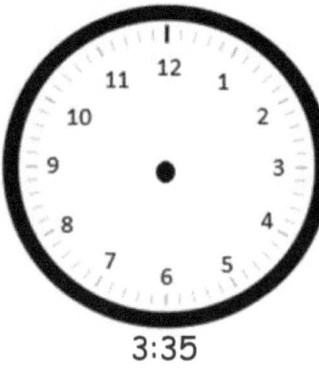
3:35

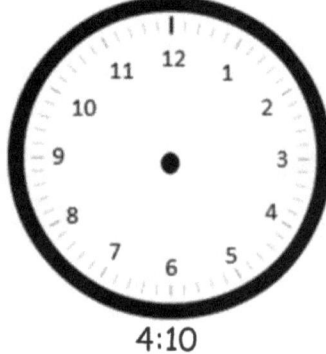
4:10

4:40

6:25

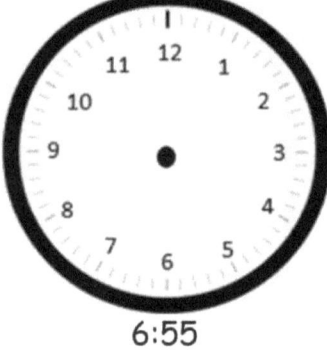
6:55

4. Ժամը քանի՞սն է:

_____

_____

Անուն _____ Ամսաթիվ _____

Նշված ժամին համապատասխան նկարեք ժամի և րոպեի սլաքը ժամացույցների վրա։

12:55

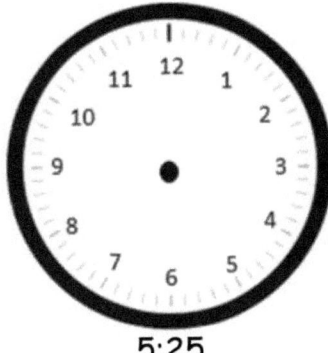
5:25

R (ուշադիր կարդացեք խնդիրը։)

Մեմորիալ դպրոցում աշակերտներն ունեն քառորդ ժամ առավոտյան դասամիջոցի համար և 33 րոպե ճաշի համար։ Ընդամենը որքա՞ն ազատ ժամանակ ունեն նրանք։ Դասամիջոցից որքա՞ն ավել ժամանակ ունեն նրանք ճաշի համար։

D (նկար նկարեք։)

W (Գրեք և լուծեք հավասարումը։)

Դաս 15. Ասացեք ժամը մոտակա հինգ րոպեների ճշտությամբ՝ ավելացնելով առավոտյան կամ երեկոյան ժամանակահատվածը։

W (Գրեք իրադրությանը համապատասխան պնդում:)

_____

_____

_____

ՄԻԱՎՈՐՆԵՐԻ ՊԱՏՄՈՒԹՅՈՒՆ   Դաս 15 Խնդիրներ   2•8

Անուն _____   Ամսաթիվ _____

1. Որոշեք՝ ներքևում գործողությունը տեղի կունենա առավոտյան, թե՛ երեկոյան: Շրջանակի մեջ վերցրեք ձեր պատասխանը:

   a. Արթնանալ դպրոց գնալու համար   **առավոտյան/երեկոյան**

   b. Ընթրել   **առավոտյան/երեկոյան**

   c. Քնելուց կարդալ   **առավոտյան/երեկոյան**

   d. Նախաճաշ պատրաստել   **առավոտյան/երեկոյան**

   e. Դպրոցից հետո խաղալ   **առավոտյան/երեկոյան**

   f. Պառկել քնելու   **առավոտյան/երեկոյան**

   g. Ուտել մի կտոր տորթ   **առավոտյան/երեկոյան**

   h. Ճաշել   **առավոտյան/երեկոյան**

Դաս 15.   Ասացեք ժամը մոտակա հինգ րոպեների ճշտությամբ՝ ավելացնելով առավոտյան կամ երեկոյան ժամանակահատվածը:

2. Անալոգային ժամի վրա նկարեք սլաքներ համապատասխանեցնելով ժամը՝ թվային ժամին: Այնուհետև՝ հիմնվելով նկարագրության վրա շրջանակի մեջ վերցրեք **առավոտյան կամ երեկոյան**:

a. Առավոտյան արթնանալուց հետ լվացեք ձեր ատամները:

7:10 **առավոտյան կամ երեկոյան**

b. Ավարտեք տնային աշխատանքը

5:55 **առավոտյան կամ երեկոյան**

3. Գրեք, թե ինչ էիք անելու, եթե լիներ **առավոտ կամ երեկո:**

a. **առավոտյան** ______________________________

b. **Երեկոյան**

4. Ժամը քանի՞սն է ցույց տալիս ժամացույցը:

______ : ______

EUREKA MATH

ՄԻԱՎՈՐՆԵՐԻ ՊԱՏՄՈՒԹՅՈՒՆ

Դաս 15 Գնահատման թերթիկ 2•8

Անուն _____ Ամսաթիվ _____

Անալոգային ժամի վրա նկարեք սլաքներ համապատասխանեցնելով ժամը՝ թվային ժամին: Այնուհետև՝ հիմնվելով նկարագրության վրա շրջանակի մեջ վերցրեք **առավոտյան կամ երեկոյան**:

1. Արևը ծագում է:

   6:10   առավոտյան կամ երեկոյան

2. Շանը զբոսանքի տանել:

   3:40   առավոտյան կամ երեկոյան

Դաս 15.   Ասացեք ժամը մոտակա հինգ րոպեների ճշտությամբ՝ ավելացնելով առավոտյան կամ երեկոյան ժամանակահատվածը:

Գրեք ժամը: Շրջանակի մեջ վերցրեք առավոտյան կամ երեկոյան::

1
5

______

առավոտյան/
երեկոյան

______

պատմեք որևէ ժամային պատմություն (մեծ)

Դաս 15. Ասացեք ժամը մոտակա հինգ րոպեների ճշտությամբ՝ ավելացնելով առավոտյան կամ երեկոյան ժամանակահատվածը:

ՄԻԱՎՈՐՆԵՐԻ ՊԱՏՄՈՒԹՅՈՒՆ Դաս 15 Ճառանմուշ 2

Գրեք ժամը: Շրջանակի մեջ վերցրեք առավոտյան կամ երեկոյան::

_____
առավոտյան/
երեկոյան

_____
պատմեք որևէ ժամային պատմություն (մեծ)

ՄԻԱՎՈՐՆԵՐԻ ՊԱՏՄՈՒԹՅՈՒՆ   Դաս 15 Ժառանմուշ 2   2•8

Գրեք ժամը: Շրջանակի մեջ վերցրեք առավոտյան կամ երեկոյան::

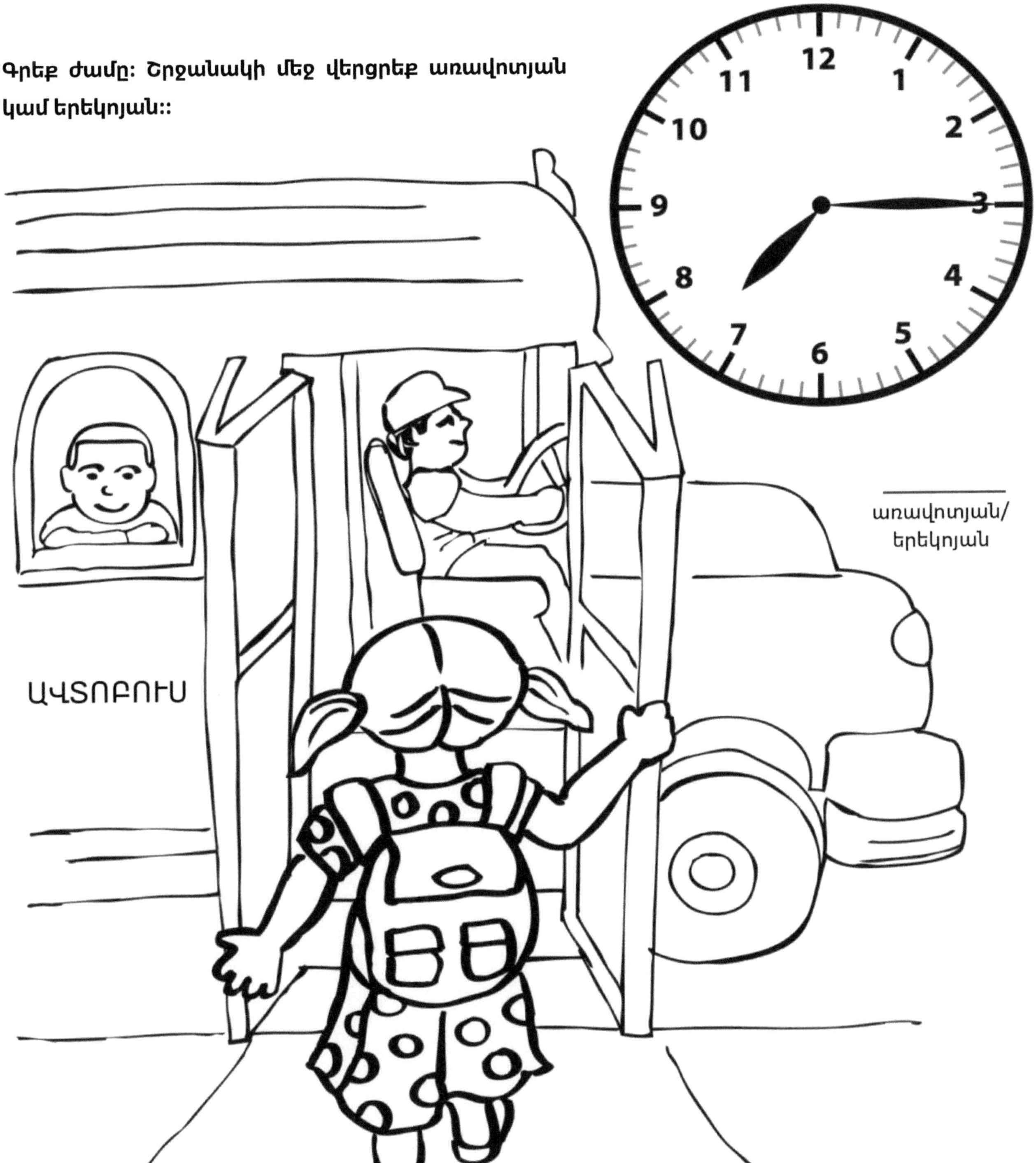

առավոտյան/
երեկոյան

ԱՎՏՈԲՈՒՍ

պատմեք որևէ ժամային պատմություն (մեծ)

Դաս 15. Ասացեք ժամը մոտակա հինգ րոպեների ճշտությամբ՝ ավելացնելով առավոտյան կամ երեկոյան ժամանակահատվածը:

95

ՄԻԱՎՈՐՆԵՐԻ ՊԱՏՄՈՒԹՅՈՒՆ   Դաս 15 Ճանաչում 2   2•8

Գրեք ժամը։ Շրջանակի մեջ վերցրեք առավոտյան կամ երեկոյան։։

առավոտյան/
երեկոյան

_____
պատմեք որևէ ժամային պատմություն (մեծ)

Դաս 15.   *Ասացեք ժամը մոտավոր հինգ րոպեների ճշտությամբ՝ ավելացնելով առավոտյան կամ երեկոյան ժամանակահատվածը։*

ՄԻԱՎՈՐՆԵՐԻ ՊԱՏՄՈՒԹՅՈՒՆ

Դաս 15 Զևանմուշ 2 2•8

Գրեք ժամը։ Շրջանակի մեջ վերցրեք առավոտյան կամ երեկոյան։

առավոտյան/
երեկոյան

_____
պատմեք որևէ ժամային պատմություն (մեծ)

Դաս 15. Ասացեք ժամը մոտակա հինգ րոպեների ճշտությամբ՝ ավելացնելով առավոտյան կամ երեկոյան ժամանակահատվածը։

97

ՄԻԱՎՈՐՆԵՐԻ ՊԱՏՄՈՒԹՅՈՒՆ Դաս 15 Ձեռնարկ 2 2•8

Գրեք ժամը: Շրջանակի մեջ վերցրեք առավոտյան կամ երեկոյան:

առավոտյան/
երեկոյան

_____
պատմեք որևէ ժամային պատմություն (մեծ)

Դաս 15. Ասացեք ժամը մոտակա հինգ րոպեների ճշտությամբ՝ ավելացնելով առավոտյան կամ երեկոյան ժամանակահատվածը:

ՄԻԱՎՈՐՆԵՐԻ ՊԱՏՄՈՒԹՅՈՒՆ   Դաս 15 Զևանմուշ 2   2•8

Գրեք ժամը: Շրջանակի մեջ վերցրեք առավոտյան կամ երեկոյան:

_____
առավոտյան/
երեկոյան

պատմեք որևէ ժամային պատմություն (մեծ)

Դաս 15. Ասացեք ժամը մոտակա հինգ րոպեների ճշտությամբ՝ ավելացնելով առավոտյան կամ երեկոյան ժամանակահատվածը:

ՄԻԱՎՈՐՆԵՐԻ ՊԱՏՄՈՒԹՅՈՒՆ   Դաս 15 Զնահանում2 2   2•8

Գրեք ժամը։ Շրջանակի մեջ վերցրեք առավոտյան կամ երեկոյան։

առավոտյան/
երեկոյան

_____

պատմեք որևէ ժամային պատմություն (մեծ)

Դաս 15.   Ասացեք ժամը մոտակա հինգ րոպեների ճշտությամբ՝ ավելացնելով առավոտյան կամ երեկոյան ժամանակահատվածը։

R (ուշադիր կարդացեք խնդիրը:)

Շաբաթ օրերին Ջինը կարող է դիտել մուլտֆիլմ մեկ ժամ: Նրա առաջին մուլտֆիլմը տևում է 14 րոպե, իսկ երկրորդը՝ 28 րոպե: 5 րոպեանոց դադարից հետո Ջինը դիտում է 15 րոպեանոց մուլտֆիլմ: Որքա՞ն ժամանակ է Ջինն ծախսում մուլտֆիլմ դիտելու համար: Նա խախտու՞մ է իր ժամային սահմանափակումը:

D (նկար նկարեք:)

W (Գրեք և լուծեք հավասարումը:)

Դաս 16. Լուծեք ժամանակի հետ կապված խնդիրները՝ օգտագործելով ամբողջական ժամերը կամ կես ժամը:

W (Գրեք իրադրությանը համապատասխան պնդում:)

_____

_____

_____

ՄԻԱՎՈՐՆԵՐԻ ՊԱՏՄՈՒԹՅՈՒՆ   Դաս 16 Խնդիրներ   2•8

Անուն _____   Ամսաթիվ _____

1. Որքա՞ն ժամանակ է անցել:

   a. 6:30 առավոտյան → 7:00 առավոտյան   _____

   b. 4:00 երեկոյան → 9:00 երեկոյան   _____

   c. 11:00 առավոտյան → 5:00 երեկոյան   _____

   d. 3:30 առավոտյան → 10:30 առավոտյան   _____

   e. 7:00 երեկոյան → 1:30 առավոտյան   _____

   f.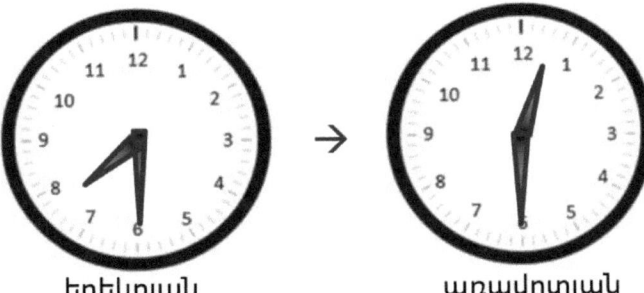
   երեկոյան   առավոտյան

   g.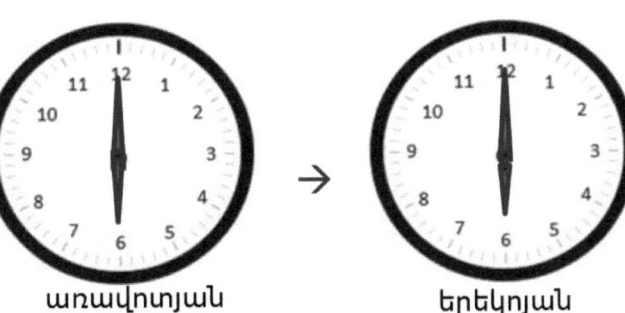
   առավոտյան   երեկոյան

   h.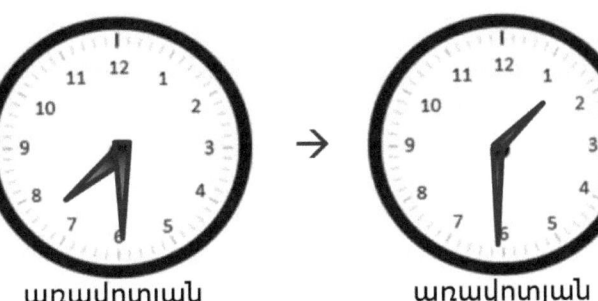
   առավոտյան   առավոտյան

2. Լուծեք:

a. Թրեյսին ժամանում է դպրոց առավոտյան 7:30-ին: Նա գնում է տուն 3:30-ին: Որքա՞ն ժամանակ է Թրեյսին անցկացնում դպրոցում:

b. Աննան անցկացնում է 3 ժամ պարի պարապմունքի համար: Նա ավարտում է երեկոյան 6:15-ին: Քանիսի՞ն էր նա սկսել:

c. Անդին ավարտում է բեյբսոլի պարապմունքը երեկոյան 4:30-ին: Նրա պարապմունքը տևում է 2 ժամ: Ժամը քանիսի՞ն է սկսվում նրա պարապմունքը:

d. Մարկոսը գնում է ճանապարհորդության: Նա ճամփա ընկավ երկուշաբթի առավոտյան 7:00-ին և վարել է մինչև երեկոյա 4:00-ը: Երեքշաբթի օրը Մարկոսը վարել է առավոտյան 6:00-ից մինչև ցերեկվա 3:30-ը: Որքա՞ն է նա վարել երկուշաբթի և երեքշաբթի:

EUREKA MATH

Անուն _____ Ամսաթիվ _____

Որքա՞ն ժամանակ է անցել:

1. 3:00 երեկոյան → 11:00 երեկոյան   _____

2. 5:00 առավոտյան → 12:00 երեկոյան (կեսօր)   _____

3. 9:30 երեկոյան → 7:30 առավոտյան   _____

Հավաստագիր

Great Minds®-ը գործադրել բոլոր ջանքերը՝ հեղինակային իրավունքով պաշտպանված բոլոր նյութերի վերատպման թույլտվությունը ստանալու համար։ Եթե հեղինակային իրավունքով պաշտպանված սույն նյութում որևէ սեփականատեր նշված չի, խնդրում ենք ճանաչման համար կապ հաստատել «Great Minds»-ի հետ՝ այս մոդուլի հետագա բոլոր հրատարակված և վերատպված տարբերակներում:

9 781649 291684

Printed by Libri Plureos GmbH in Hamburg, Germany